高职高专"十二五"规划教材

金工实习

黎成辉　廖威春　主编

中国铁道出版社
CHINA RAILWAY PUBLISHING HOUSE

内 容 简 介

本教材根据高职院校工科类专业培养计划和金工实习教学大纲要求编写,共5章,包括金工实习基础、钳工实训、车削加工实训、铣削加工实训、焊接加工实训,且每一章都有相关知识和训练项目。编者力求选材实用、简明、够用;重点叙述操作方法和要领。

本教材适用于高职院校、技师学校、技工学校等工科各专业的金工实习使用,也可作为广大自学者的自学用书和工程技术人员的参考书。

图书在版编目(CIP)数据

金工实习/黎成辉,廖威春主编 . —北京:中国铁道
出版社,2015.7（2016.8重印）
高职高专"十二五"规划教材
ISBN 978-7-113-15840-8

Ⅰ. ①金… Ⅱ. ①黎… ②廖… Ⅲ. ①金属加工-实
习-高等职业教育-教材 Ⅳ. ①TG-45

中国版本图书馆 CIP 数据核字(2015)第 133082 号

书　　名:金工实习
作　　者:黎成辉　廖威春　主编

策　　划:曾露平
责任编辑:潘星泉
编辑助理:曾露平
封面设计:白　雪
封面制作:付　巍
责任校对:汤淑梅
责任印制:李　佳

出版发行:中国铁道出版社（100054,北京市西城区右安门西街8号）
网　　址:http://www.51eds.com
印　　刷:三河市航远印刷有限公司
版　　次:2015 年 7 月第 1 版　　2016 年 8 月第 2 次印刷
开　　本:787 mm×1092 mm　1/16　印张:7.75　字数:185 千
书　　号:ISBN 978-7-113-15840-8
定　　价:18.00 元

前　　言

编者根据高职院校工科类专业培养计划和金工实习教学大纲的要求，总结多年的在工厂和学校工作的实践经验，编写了适用于工科类高职院校的金工实习教材。

本教材覆盖了金工实习的基本内容，其中包括金工实训知识、钳工实训、车削加工实训、铣削加工实训、焊接加工实训，每一章都有相关知识和训练项目。

本教材以能力培养为目标，力求选材实用、简明、够用。在全面介绍相关工艺的同时，重点叙述了操作方法和要领。根据各实训工种基本能力的要求统筹，设置若干个实训项目，每个项目内容包括训练目的、要求、步骤、工艺过程、评分标准等。在实训过程中加大了文明生产知识的要求。

本教材体现了"基于工作过程"的教学理念，强调技能训练的实践指导作用，采用"教、学、做"一体的教学模式，加大技能训练的力度。

本教材由黎成辉、廖威春担任主编，郑广明、陈殿兴、张杰、黄健参编。在编写的过程中，还得到了实践能力强的行业、企业一线专家的大力支持，在此一并表示谢意。

由于编者的水平有限，书中难免会存在一些不妥之处，恳切希望同行和广大读者批评指正，以便改正。

编　者

2015.3

目　录

第1章　金工实习基础

【目的和要求】

1. 了解金工实习常见的安全知识。
2. 掌握常用量具的使用方法。
3. 了解极限与配合、表面粗糙度的基本概念。

1.1　安全生产基础知识

实习中,如果实习人员不遵守工艺操作规程或者缺乏一定的安全知识,很容易发生机械伤害、触电、烫伤等工伤事故。因此,必须对实习人员进行安全生产教育。

实习中的安全技术有冷、热加工安全技术和电气安全技术等。

1. 冷加工主要指车、铣、刨、磨和钻等切削加工,其特点是使用的装夹工具和被切削的工件或刀具之间不仅有相对运动,而且速度较高。如果设备防护不好,操作者不注意遵守安全技术操作规程,很容易造成人身伤害事故。

2. 热加工一般指铸造、锻造、焊接和热处理等工种,其特点是生产过程伴随着高温、有害气体、粉尘和噪声,这些都严重恶化了劳动条件。热加工工伤事故中,烫伤、喷溅和砸碰伤害约占事故的70%,应引起高度重视。

3. 电力传动和电气控制在加热、高频热处理和电焊等方面的应用十分广泛,实习时必须严格遵守电气安全守则,避免触电事故。

1.2　常用量具使用方法

1.2.1　钢直尺的使用

钢直尺的长度规格有 150 mm,300 mm,500 mm,1 000 mm 四种。钢直尺常用来测量毛坯和精度要求不高的零件的线性尺寸。

(1)测量矩形零件的宽度时,要使钢直尺和被测零件的一边垂直[如图 1.1(a)];

(2)测量圆柱体的长度时,要把钢直尺准确地放在圆柱体的母线上[如图 1.1(b)];

(3)测量圆柱体的外径[如图 1.1(c)]或圆孔的内径[如图 1.1(d)]时,要使钢直尺靠着零件一面的边线来回摆动,直到获得最大的尺寸,即为直径尺寸。

1.2.2　游标卡尺的使用

游标卡尺是一种中等精度的量具,可以直接测量工件的外径、内径、长度、宽度和深度尺寸。按用途不同可分为:普通游标卡尺、电子数显卡尺、带表卡尺、游标高度尺等几种。普通游标卡尺结构,如图 1.2 所示。游标卡尺的测量精度有 0.02 mm、0.05 mm、0.1mm 三种。

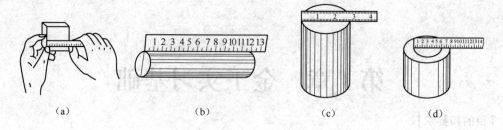

图 1.1 　钢直尺的使用方法

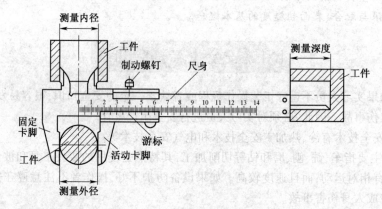

图 1.2 　游标卡尺

1. 游标卡尺的刻线原理

图 1.3 所示为 0.02 mm 游标卡尺的刻线原理。尺身每小格是 1 mm,当两卡脚合并时,尺身上 49 mm 刚好与游标上的第 50 格重合,游标每格长为 49/50＝0.98 mm,尺身与游标每格相差为 1−0.98＝0.02 mm。因此,它的测量精度为 0.02 mm。

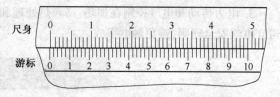

图 1.3 　0.02mm 游标卡尺刻线原理

2. 游标卡尺的读数方法

在游标卡尺上读尺寸时可以分为三个步骤:

(1)读整数,即读出游标零线左面尺身上的整毫米数;

(2)读小数,即读出游标与尺身对齐刻线处的小数毫米数;

(3)把两次读数加起来:30+5×0.02＝30.1mm,如图 1.4 所示。

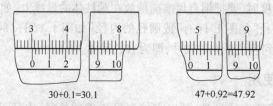

30+0.1＝30.1　　　　　　47+0.92＝47.92

图 1.4 　0.02 mm 游标卡尺的尺寸读法

用游标卡尺测量工件的方法如图 1.5 所示,使用时注意事项:(1)检查零线,(2)放正卡尺,(3)用力适当。

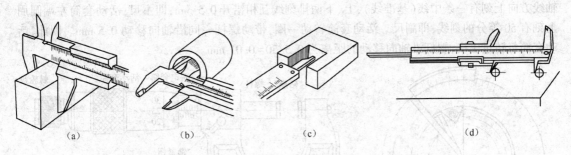

（a）　　　　　　　　（b）　　　　　　　　（c）　　　　　　　　　（d）

图 1.5　游标卡尺的测量方法

1.2.3　游标万能角度尺

1. 游标万能角度尺的结构

游标万能角度尺结构（如图 1.6）。它主要由尺身、90°尺、游标、制动器、基尺、直尺和卡块等组成。基尺随尺身可沿游标转动，转到所需角度时，再用制动器锁紧。卡块将直角尺和直尺固定在所需的位置上。

2. 游标万能角度尺的测量范围分段

游标万能角度尺的测量范围为 0°～320°，共分 4 段：0°～50°，50°～140°，140°～230° 和 230°～320°。各测量段的直角尺、直尺位置配置和测量方法如图 1.7 所示。

将万能角度尺的直尺与直角尺卸下，用基尺与尺身的测量面可测量 230°～320° 之间的角度（如图 1.8）。

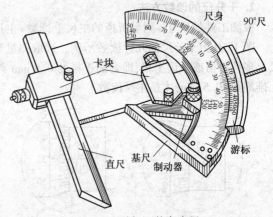

图 1.6　游标万能角度尺

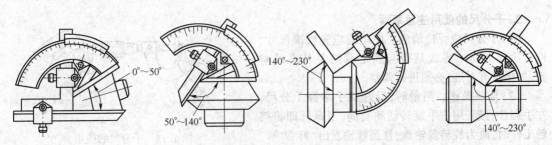

图 1.7　游标万能角度尺测量不同角度范围的方法

1.2.4　千分尺的使用

千分尺是一种精密量具，有外径千分尺、内径千分尺、深度千分尺等，其中以外径千分尺用得最为普遍。生产中常用的千分尺的测量精度为 0.01mm。它的精度比游标卡尺高，并且比较灵敏，因此千分尺用于测量加工精度要求较高的工件。

1. 千分尺的刻线原理

图 1.9 所示为测量范围为 0～25 mm 的外径千分尺。弓架左端有固定砧座，右端的固定套筒在

轴线方向上刻有一条中线(基准线),上、下两排刻线互相错开0.5 mm,即主尺;活动套筒左端圆周上刻有50等分的刻线,即副尺。活动套筒转动一圈,带动螺杆一同沿轴向移动0.5 mm。因此,活动套筒每转过1格,螺杆沿轴向移动的距离为0.5/50=0.01 mm。

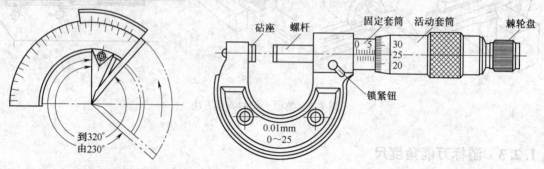

图 1.8　230°~320°之间角度的测量方法　　　　　图 1.9　0~25mm 外径千分尺

2. 千分尺的读数方法

被测工件的尺寸=副尺所指的主尺上读数+主尺中线所指副尺的格数×0.01。

图 1.10 为千分尺的几种读数示例。读取测量数值时,要防止读错 0.5 mm,也就是要防止在主尺上多读半格或少读半格,即套筒下排的 0.5 mm 刻线没露出来,那么读上排刻线数,如果露出,则上排刻数+0.5 mm,才是主尺读数。

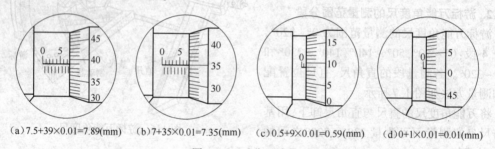

(a)7.5+39×0.01=7.89(mm)　　(b)7+35×0.01=7.35(mm)　　(c)0.5+9×0.01=0.59(mm)　　(d)0+1×0.01=0.01(mm)

图 1.10　千分尺读数

3. 千分尺的使用注意事项

(1)千分尺应保持清洁。使用前应先校准尺寸,检查活动套筒上零线是否与固定套筒上基准线对齐,如果没有对准,必须进行调整。

(2)合理操作。测量时,最好双手掌握千分尺,左手握住弓架,用右手旋转活动套筒,当螺杆即将接触工件时,改为旋转棘轮盘,直到棘轮发出"咔""咔"声为止,如图 1.11 所示。

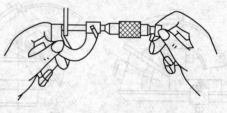

图 1.11　千分尺的使用

(3)从千分尺上读取尺寸,可在工件未取下前进行,读完后,松开千分尺,再取下工件。也可将千分尺用锁紧钮锁紧后,把工件取下后读数。

(4)千分尺只适用于测量精确度较高的尺寸,不能测量毛坯面,更不能在工件转动时去测量。

1.2.5　90°角尺、刀口形直尺、塞尺

1. 90°角尺

90°角尺由尺座与尺苗组成(如图 1.12),主要用来检测工件相邻表面的垂直度。检测时,通过

观察尺苗与工件间透光缝隙的大小,以塞尺检查缝隙大小来确定垂直度误差(如图 1.13)。错误使用 90°角尺情形(如图 1.14)。

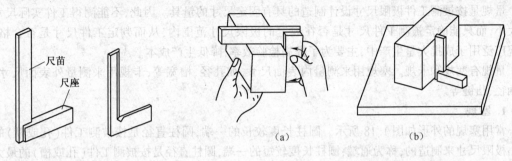

图 1.12 90°角尺　　　　　　　　　图 1.13 用90°角尺检测垂直度

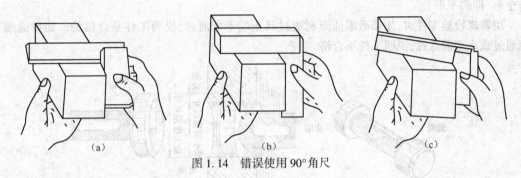

图 1.14 错误使用 90°角尺

2. 刀口形直尺

刀口形直尺(如图 1.15)是用透光法来检测工件平面的直线度和平面度的量具。检测工件时,刀口要紧贴工件被测平面,然后观察平面与刀口之间透光缝隙大小,若透光细而均匀,则平面平直。

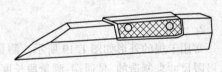

图 1.15 刀口形直尺

用刀口形直尺检测平面的平面度时,除沿工件的纵向、横向检查外,还应沿对角线方向检查。

3. 塞尺

塞尺(如图 1.16)是由一组不同厚度的薄钢片组成的测量工具。每片钢片都有精确的厚度并将其厚度尺寸标明在钢片上。塞尺主要用来检测两个结合平面之间的间隙大小,也可配合 90°角尺测量工件相邻表面间的垂直度误差(如图 1.17)。

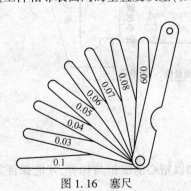

图 1.16 塞尺

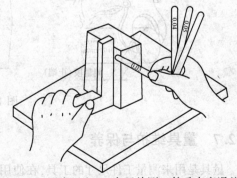

图 1.17 用塞尺和90°角尺检测工件垂直度误差

1.2.6　量规

量规是按被测工件极限尺寸设计制造的具有固定尺寸的量具。因此,不能测得工件实际尺寸的大小,而只能确定被测工件尺寸是否在规定的极限尺寸范围内,从而判定工件尺寸是否合格。量规广泛用于成批大量生产中,主要为了提高检验效率,降低生产成本。

量规有塞规和卡规。塞规用来测量内表面尺寸,如孔径、槽宽等,卡规用来测量外表面尺寸,如轴径、凸键等。

1. 塞规

常用塞规的外形如图 1.18 所示。圆柱长度较长的一端,圆柱直径是按被测工件(孔或槽)的最小极限尺寸来制造的,称为通端;圆柱长度较短的一端,圆柱直径是按被测工件(孔或槽)的最大极限尺寸来制造的,称为止端。检验沟槽宽度和较大的孔径时用塞规,通端和止端的圆柱面采用非全形(即扁平形)。

用塞规检验工件时,如果通端能顺利通过且止端不能通过,说明工件是合格的。如果通端不能通过或止端能通过,说明工件不合格。

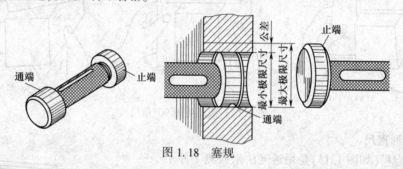

图 1.18　塞规

2. 卡规

常用卡规的外形如图 1.19 所示。测量段长度长的一端,槽宽尺寸是按被测工件(轴径)的最大极限尺寸来制造的,是通端;测量段长度短的一端,槽宽尺寸是按被测工件(轴径)的最小极限尺寸来制造的,是止端。

用卡规检验工件时,如果通端能顺利通过且止端不能通过,说明工件是合格的。如果通端不能通过或止端能通过,说明工件不合格。

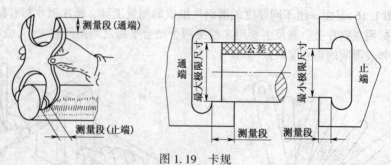

图 1.19　卡规

1.2.7　量具维护与保养

量具是用来测量工件尺寸的工具,在使用过程中应加以精心的维护与保养,才能保证零件测量精度,延长量具的使用寿命。

（1）使用前应擦干净，用完后必须擦拭干净、涂油并放入专用量具盒内；

（2）不能随便乱放、乱扔，应放在规定的位置；

（3）不能用精密量具去测量毛坯尺寸、运动着的工件或温度过高的工件，测量时用力应适当，不能过猛、过大；

（4）量具如有问题，不能私自拆卸修理，应交由实习指导老师处理。

1.3 加工精度与表面质量

工件的加工质量包括加工精度和表面质量。加工精度越高，加工误差就越小。工件的加工精度包括尺寸精度和几何精度；表面质量是指工件经过切削加工后的表面粗糙度、表面层的残余应力和表面的冷加工硬化等。

1.3.1 加工精度

加工精度是指加工工件的几何参数与理想参数的符合程度。加工精度用加工公差来控制，包括尺寸公差和几何公差。

1. 尺寸公差

尺寸公差是切削加工中工件尺寸允许的变动量。在公称尺寸相同的情况下，尺寸公差越小，尺寸精度越高。为了满足不同精度的要求，国家标准 GB/T 1800.1—2009、GB/T 1800.2—2009 规定，尺寸的标准公差分为 20 级，分别用 IT01、IT0、IT1、IT2、…、IT18 表示。IT 表示标准公差等级，其中 IT01 为最高，IT18 为最低。公差等级越高，公差数值越小，加工成本就越高。

2. 几何公差

表 1.1 为国家标准规定的几何公差的几何特征和符号。

表 1.1 几何特征和符号

公差		特征项目	符号	有或无基准要求	公差		特征项目	符号	有或无基准要求
形状	形状	直线度	—	无	位置	定向	平行度	//	有
		平面度	▱	无			垂直度	⊥	有
		圆度	○	无			倾斜度	∠	有
		圆柱度	⌀	无		定位	位置度	⊕	有或无
							同轴(同心)度	◎	有
形状或位置	轮廓	线轮廓度	⌒	有或无			对称度	=	有
		面轮廓度	⌓	有或无	跳动		圆跳动	↗	有
							全跳动	⌀⌀	有

3. 几何公差的选择

选择几何公差等级的原则是在满足零件性能要求的前提下，尽可能选择低的公差等级。

1.3.2 表面质量

零件加工时,在零件的表面会形成加工痕迹。由于加工方法和加工条件的不同,痕迹的深浅粗细程度也不一样。零件加工表面上痕迹的粗细深浅程度称为表面粗糙度。表面粗糙度对机械零件的抗磨性、抗腐蚀性和配合性质有着密切的关系,它直接影响到机器装配后的可靠性和使用寿命。

1. 表面粗糙度

国家标准 GB/T 1031—2009 中推荐优先选用算术平均偏差 Ra 作为表面粗糙度的评定参数。表 1.2 所示为表面粗糙度的 Ra 允许值及其对应的表面特征。

表 1.2　不同表面特征的表面粗糙度 Ra 值

加工方法		$Ra/\mu m$	表面特征
粗车、粗镗、粗铣、粗刨、钻孔		50	明显可见刀痕
		25	可见刀痕
		12.5	微见刀痕
精铣精刨	半精车	6.3	可见加工痕迹
		3.2	微见加工痕迹
	精车	1.6	不见加工痕迹
粗磨、精车		0.8	可辨加工痕迹的方向
精磨		0.4	微辨加工痕迹的方向
刮削		0.2	不辨加工痕迹的方向
精密加工		0.1~0.008	按表面光泽判别

2. 表面粗糙度的选择

选择表面粗糙度的注意事项:

(1)在满足零件使用性能的前提下,应选大的表面粗糙度 Ra 值以降低成本;

(2)防腐蚀性、密封性要求高的表面、相对运动表面、承受交变载荷的表面,表面粗糙度 Ra 值应小;

(3)同一零件上,配合表面的表面粗糙度 Ra 值应比非配合表面的值小;

(4)配合性质稳定、尺寸精度高的零件,表面粗糙度 Ra 值要小。

1.3.3 表面粗糙度与尺寸精度的关系

表面粗糙度与尺寸精度有一定的联系。一般说来,尺寸精度越高,表面粗糙度 Ra 值越小。但是,表面粗糙度 Ra 值小的,尺寸精确程度不一定高,如手柄、手轮表面等,其表面粗糙度 Ra 值较小,尺寸精度却不高。

第2章 钳 工

【目的和要求】

1. 掌握钳工安全操作规程,做到文明生产。

2. 了解钳工工作在零件加工、机械装配及维修中的作用、特点和应用。

3. 掌握钳工常用工具、量具及设备的使用方法。

4. 掌握钳工工作的主要工艺(划线、錾削、锯削、锉削、钻孔、攻螺纹、套螺纹等)的操作技术,并能按图样独立加工简单零件。

【安全操作规程】

1. 实习时,要穿工作服,不准穿拖鞋,操作机床时严禁戴手套,长发要压入工作帽内。

2. 不准擅自使用不熟悉的机器和工具。设备使用前要检查,如发现损坏或其他故障时应停止使用并报告。

3. 操作要时刻注意安全,互相照应,防止意外。

4. 要用刷子清理铁屑,不准用手直接清除,更不准用嘴吹,以免割伤手指和铁屑末飞入眼睛。

5. 不能用锉刀敲击或撬物,以防折断。

6. 使用锤子时,要查看木柄有无松脱,裂纹和柄上有无油腻污物,以防锤头脱出伤人。

7. 使用电气设备时,必须严格遵守操作规程,以防止触电。

8. 要做到文明实习,工作场地要保持整洁。使用的工具、量具要分类安放,工件、毛坯和原材料应堆放整齐。

9. 钻床安全操作要求:

(1)钻孔前检查钻床的润滑、调速是否良好;

(2)工作台面清洁干净,不准放置刀具、量具等物品;

(3)装卸紧松钻头必须用钥匙手柄或斜铁,不准用锤子或其他东西敲打;

(4)拿下钥匙手柄或斜铁后才能起动钻床;

(5)工件必须夹紧牢固,一般不允许手握工件钻孔;

(6)操作者需将工作服衣袖钮扣扣好;女同志必须戴好工作帽;严禁戴手套或手拿棉纱、抹布去钻孔;

(7)操作者的头部不要太靠近旋转着的钻床主轴;

(8)用刷子去清除钻屑,不准用手或棉纱、抹布、更不准用嘴吹(以免切屑的粉末飞入眼睛);

(9)高速切削的切屑绕在钻头上时,用铁钩钩去或停机清除;

(10)钻床停车后,才能变速或检测工件(不准用手捏钻夹头停车);

(11)钻通孔时,应在工件下面垫上木块或垫铁,防止钻坏工作台面;

(12)钻孔结束时,必须切断电源,把钻床打扫清洁,加注润滑油。

2.1 钳工内容的概述

2.1.1 钳工工作

钳工主要是利用台虎钳、各种手用工具和钻床、砂轮机等完成某些零件的加工,部件、机器的装配和调试以及各类机械设备的维护与修理等工作。

钳工是一种比较复杂、细致、工艺要求高的工作,基本操作技能包括:零件测量、划线、整削、锯切、锉削、钻孔、扩孔、锪孔、铰孔、攻螺纹、套螺纹、刮削、研磨、矫直、弯曲、铆接、钣金下料以及装配等。

钳工具有所用工具简单、加工多样灵活、操作方便和适应面广等特点。主要用于零件的加工;机械设备的装配和调试;机械设备的维修和检修;精密量具、模具、样板、夹具等的制造。

2.1.2 钳工工作台和台虎钳

1. 钳工工作台

钳工工作台[如图 2.1(a)]也称钳台,有单人用和多人用两种,用硬质木材或钢材做成。工作台要求平稳、结实,台面高度一般以装上台虎钳后钳口高度恰好与人手肘平齐为宜[如图 2.1(b)],抽屉可用来收藏工具,台桌上必须装有防护网。

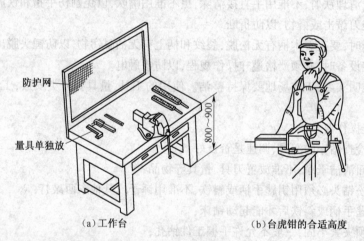

防护网

量具单独放

800~900

(a)工作台　　　　(b)台虎钳的合适高度

图 2.1　工作台及台虎钳的合适高度

2. 台虎钳

如图 2.2 所示。台虎钳用来夹持工件,其规格以钳口的宽度来表示,常用的有 100mm、125mm、150mm 三种。

使用台虎钳时应注意的事项:

(1)工件尽量夹持在台虎钳钳口中部,使钳口受力均匀;

(2)夹紧后的工件应稳固可靠,便于加工,并且不产生变形;

(3)只能用手扳紧手柄夹紧工件,不准用套管接长手柄或用手锤敲击手柄,以免损坏零件;

(4)不要在活动钳身的光滑表面进行敲击作业,以免降低其与固定钳身的配合性能;

(5)加工时用力方向最好是朝向固定钳身;

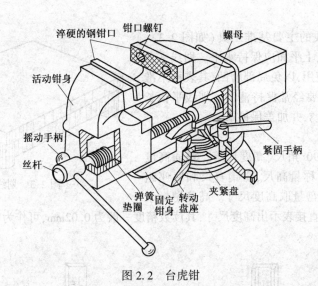

图 2.2　台虎钳

（6）丝杆、螺母和各运动表面，要定期加油润滑，并保持清洁，防止生锈。

2.2　划　　线

2.2.1　划线

1. 定义

划线是指根据图样要求，用划线工具在毛坯或工件上划出待加工部位的轮廓线或作为基准的点、线的操作。

2. 划线的作用

（1）确定工件的加工余量，使机械加工有明确的尺寸界限；

（2）便于复杂工件按划线来找正在机床上的正确位置，所划的轮廓线即为毛坯或工件的加工界限和依据，所划的基准点或线是毛坯或工件安装时的标记或校正线；通过划线来检查毛坯或工件的尺寸和形状，并合理地分配各加工表面的余量；

（3）能够及时发现和处理不合格的毛坯，避免造成后续加工而造成更严重的经济损失；

（4）借料划线可以使误差不大的毛坯得到补救，使加工后的零件仍能符合图样要求。

3. 划线的要求

划线是一项复杂、细致的重要工作，如果划错线就会造成加工后的工件报废。划线精度一般在 0.25～0.5mm 之间。

（1）保证尺寸准确；

（2）线条清晰均匀；

（3）长、宽、高 3 个方向的线条相互垂直；

（4）不能依靠划线直接确定加工零件的最后尺寸。

2.2.2　划线工具

划线工具按用途分类如下：

1. 基准工具

划线平台是划线的主要基准工具(如图2.3)，其安放要平稳、牢固，上平面应保持水平。划线平台的平面各处要均匀使用，以免局部磨凹，其表面不准碰撞也不准敲击，且要经常保持清洁。划线平台长期不用时，应涂油防锈，并加盖保护罩。

2. 量具

量具有钢直尺、90°角尺、高度尺等。普通高度尺[如图2.4(a)]又称量高尺，由钢直尺和底座组成，使用时配合划针盘量取高度尺寸。高度游标卡尺[如图2.4(b)]能直接表示出高度尺寸，其读数精度一般为0.02mm，可作为精密划线工具。

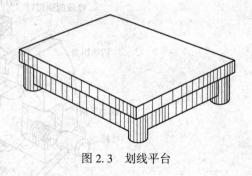

图2.3　划线平台

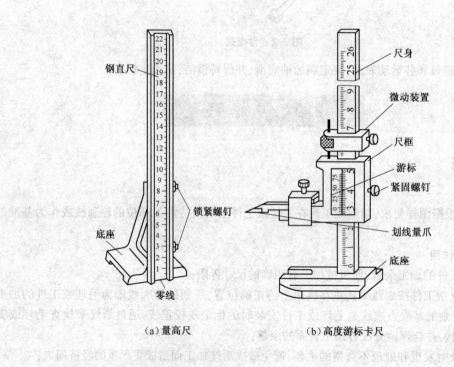

（a）量高尺　　　　　（b）高度游标卡尺

图2.4　量高尺与高度游标卡尺

3. 绘划工具

直接绘划工具有划针、划规、划卡、划线盘和样冲。

（1）划针[如图2.5(a)、(b)]：划针是在工件表面划线用的工具，常用 $\phi3 \sim \phi5$mm 的工具钢或弹簧钢制成(有的划针在尖端部位焊有硬质合金)，并经淬火处理。在划线时用力不可太大，线条要一次并保证清晰、准确。

（2）划规(如图2.6)：划规是划圆、弧线、等分线段及量取尺寸等使用的工具，它的用法与制图中圆规相同。

（3）划卡(如图2.7)：划卡(单脚划规)主要是用来确定轴和孔的中心位置，其使用方法如图2.7所示。操作时应先划出四条圆弧线，然后再在圆弧线中冲出样冲点。

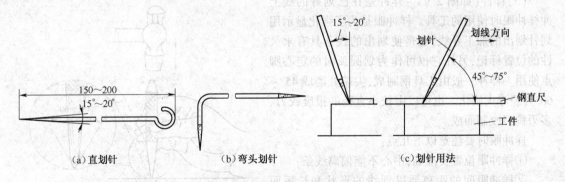

图 2.5　划针的种类及使用方法

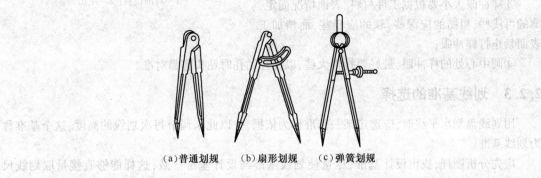

图 2.6　划规

(4)划线盘(如图 2.8):划线盘主要用于毛坯件的立体划线和校正工件位置。用划线盘划线时,要注意划针装夹应牢固,伸出长度要短,以免产生抖动。其底座要保持与划线平台贴紧,不要摇晃和跳动。

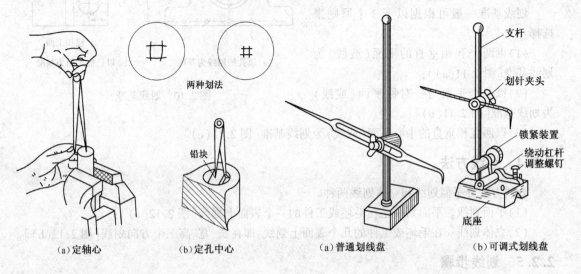

图 2.7　用划卡定中心　　　　　　　　　图 2.8　划线盘

(5)样冲(如图2.9):样冲是在已划好的线上冲样冲眼时使用的工具。样冲眼是为了强化显示用划针划出的加工界线,也是使划出的线条具有永久性的位置标记,另外它也可作为划圆弧时的定心脚点使用。样冲一般由工具钢制成,尖端处磨成45°~60°并经淬火硬化。也可以由较小直径的报废铰刀、多刃铣刀改制而成。

样冲眼时要注意以下几点:

①样冲眼位置要准确,中心不能偏离线条;

②样冲眼间的距离要以划线的形状和长短而定,直线可稀,曲线则稍密,转折交叉点冲点;

③样冲眼大小要根据工件材料、表面情况而定,薄的可浅些,粗糙的应深些,软的应轻些,而精加工表面禁止打样冲眼;

④圆中心处的样冲眼,最好要打得大些,以便在钻孔时钻头容易对准。

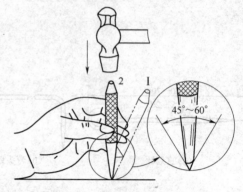

图2.9 样冲及其用法

1—对准位置;2—冲孔

2.2.3 划线基准的选择

用划线盘划水平线时,应选定某一基准作为依据,并以此来调节每次划线的高度,这个基准称为划线基准。

应先分析图样,找出设计基准,尽量使划线基准与设计基准一致,这样能够直接量取划线尺寸,保证加工精度简化换算过程。划线,应从划线基准开始。

选择划线基准的原则:一般选择重要孔的轴线为划线基准[图2.10(a)],若工件上个别平面已加工过,则应以加工过的平面为划线基准[图2.10(b)]。

划线基准一般可根据以下3个原则来选择:

(1)以两个互相垂直的平面(或线)为划线基准[图2.11(a)];

(2)以一个平面与一对称平面(或线)为划线基准[图2.11(b)];

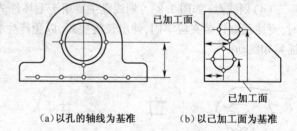

(a)以孔的轴线为基准 (b)以已加工面为基准

图2.10 划线基准

(3)以两互相垂直的中心平面(或线)为划线基准[图2.11(c)]。

2.2.4 划线方法

划线方法分平面划线和立体划线两种。

(1)平面划线。平面划线是在毛坯或工件的一个表面上划线[图2.12(a)];

(2)立体划线。在毛坯或工件的几个表面上划线,即在长、宽、高三个方向划线[图2.12(b)]。

2.2.5 划线步骤

(1)分析图样,查明要划哪些线,选定划线基准;

(2)划基准线和加工时在机床上安装找正用的辅助线;

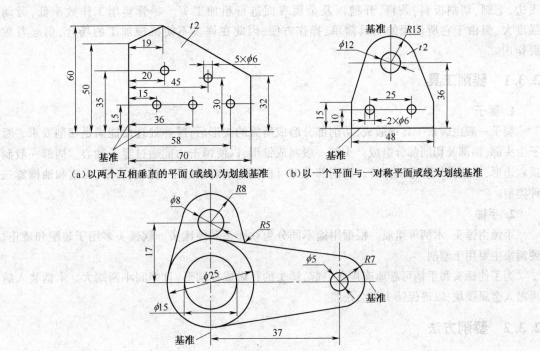

（a）以两个互相垂直的平面（或线）为划线基准　　（b）以一个平面与一对称平面或线为划线基准

（c）以两互相垂直的中心面或线为划线基准

图 2.11　划线基准的种类

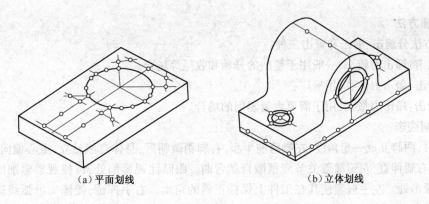

（a）平面划线　　　　　　　　　　　　　　（b）立体划线

图 2.12　平面划线和立体划线

（3）划其他直线；

（4）划圆、连接圆弧、斜线等；

（5）检查核对尺寸；

（6）打样冲眼。

2.3　錾　　削

錾削是利用手锤锤击錾子，实现对工件切削加工的一种方法。采用錾削，可除去毛坯的飞边、毛刺,切割板料,条料,开槽以及金属表面进行粗加工等。尽管錾削工作效率低,劳动强度大,但由于它所使用的工具简单,操作方便,因此在许多不便机械加工的场合,仍起着重要作用。

2.3.1 錾削工具

1. 錾子

錾子一般由碳素工具钢锻成,切削部分磨成所需的楔形后,经热处理便能满足切削要求。錾子由头部、柄部及切削部分组成。头部一般制成锥形,以便锤击力能通过錾子轴心。柄部一般制成六边形,以便操作者定轴握持。切削部分即可根据錾削对象的不同制成扁錾、尖錾和油槽錾三种类型。

2. 手锤

手锤由锤头、木柄等组成。根据用途不同分为软锤头和硬锤头。软锤头多用于装配和矫正。硬锤头主要用于錾削。

为了使锤头和手柄可靠地连接在一起,锤头的孔做成椭圆形,且中间小两端大。木柄装入后再敲入金属楔块,以确保锤头不会松脱。

2.3.2 錾削方法

1. 握錾子的方法

錾子用左手的中指、无名指和小指握持,大拇指与食指自然合拢,让錾子的头部伸出约20mm。錾子不要握得太紧,否则手所受的振动就大。錾削时,小臂要自然平放,并使錾子保持正确的后角。

2. 挥锤方法

挥锤方法分腕击、肘击和臂击三种:

(1)腕击:锤击力较小,一般用于錾削的开始和收尾等场合;

(2)肘击:敲击力大,应用最广;

(3)臂击:敲击力最大,用于需要大量錾削的场合。

3. 錾削姿态

錾削时,两脚互成一定角度,左脚跨前半步,右脚稍微朝后,身体自然站立,重心偏向左脚。右脚要站稳,右腿伸直,左腿膝盖关节应稍微自然弯曲。眼睛注视錾削处,以便观察錾削的情况,而不应注视锤击处。左手握錾使其在工件上保持正确的角度。右手挥锤,使锤头沿弧线运动,进行敲击。

4. 錾削时的安全事项

(1)防止锤头飞出。要经常检查木柄是否松动或损坏,以便及时进行调整或更换。不准带手套操作,木柄上不能有油等,以防手锤滑出伤人;

(2)要及时磨掉錾子头部的毛刺,以防毛刺划手;

(3)錾削过程中,为防止切屑飞出伤人,工作地周围应装有安全网;

(4)经常对錾子进行刃磨,保持正确的后角,錾削时防止錾子滑出工件表面。

2.4 锯 削

锯削是用手锯对工件或材料进行分割或锯槽等加工方法。它适用于较小材料和工件的加工（如图 2.13 ）。

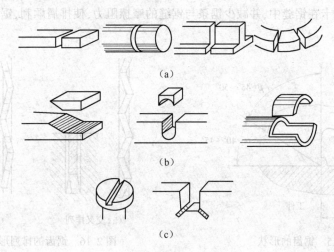

图 2.13 锯削实例

锯削具有方便、简单和灵活的特点。在单件小批量生产时,在临时工地以及在切削异形工件、开槽、修整等场合应用很广。

2.4.1 手锯

手锯由锯弓和锯条组成。

1. 锯弓

锯弓是用来张紧锯条的,分为固定式和可调节式两种(如图 2.14)。

固定式锯弓的弓架是整体的,只能装一种长度规格的锯条[如图 2.14(a)];可调式锯弓的弓架分成前后两段,前段在后段套内可以伸缩,可以安装几种长度规格的锯条,目前广泛使用[如图 2.14(b)]。

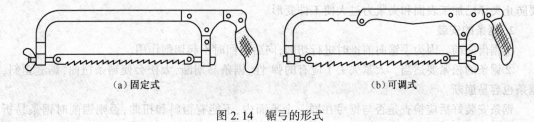

（a）固定式 （b）可调式

图 2.14 锯弓的形式

2. 锯条

(1)锯条的材料:锯条用工具钢制成,并经热处理淬硬。

(2)锯条的规格:锯条的尺寸规格以锯条两端安装孔间的距离来表示,常用的手工锯条长度为 300mm、宽度为 12mm、厚度为 0.6~0.8mm。锯齿的粗细规格是按锯条上每 25mm 长度内的齿数来表示的,14~18 齿为粗齿,24 齿为中齿,32 齿为细齿。

(3)锯齿的角度:锯条的切削部分是由许多锯齿组成的,每一个齿相当于一把錾子,起切削作用。常用的锯条前角 γ 约为 0°、后角 α 为 40°~45°、楔角 β 为 45°~50°(如图 2.15)。

(4)锯路:制造锯条时,把锯齿按一定形状左右错开排列成一定的形状称为锯路。

锯路有交叉、波浪等不同排列形状(如图 2.16)。锯路的作用是使锯缝宽度大于锯条背部的厚度,防止锯割时锯条卡在锯缝中,并减少锯条与锯缝的摩擦阻力,使排屑顺利,锯削省力,提高工作效率。

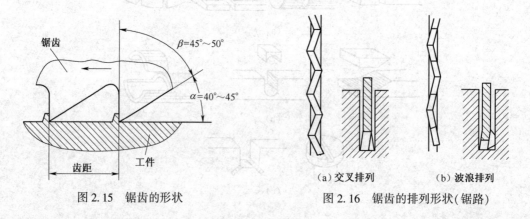

图 2.15 锯齿的形状　　　　图 2.16 锯齿的排列形状(锯路)

(5)锯条粗细的选择:锯条粗细应根据加工材料的硬度、厚薄来选择。

锯削软材料(如铜、铝合金等)或厚材料时,因锯屑较多,要求有较大的容屑空间,应选用粗齿锯条。

锯削硬材料(如合金钢等)或薄材料时,因材料硬,锯齿不易切入,锯屑量少,不需要大的容屑空间,而薄材料在锯削中锯齿易被工件勾住而崩裂,需要多齿同时工作(一般要有三个齿同时接触工件),使锯齿承受的力量减少,所以这两种情况应选用细齿锯条。

锯削中等硬度材料(如普通钢、铸铁等)一般选用中齿锯条。

2.4.2 锯削操作

1. 工件的夹持

工件一般应夹在台虎钳的左面,以便操作;工件伸出钳口不应过长,应使锯缝离钳口侧面 20mm 左右,要使锯缝线保持铅垂;工件夹持应该牢固,防止锯削时产生振动而使锯条折断,同时也要防止夹坏已加工表面和夹紧力过大使工件变形。

2. 锯条的安装

①锯齿向前。因为手锯向前推时进行切削,向后返回时不起切削作用。

②锯条的松紧要适当。太紧失去了应有的弹性,锯条易崩断,太松会使锯条扭曲,锯缝歪斜,锯条也容易崩断。

锯条安装好后应检查是否与锯弓在同一个平面内,不能有歪斜和扭曲,否则锯削时锯条易折断且锯缝易歪斜。同时用右手大拇指和食指抓住锯条轻轻扳动,锯条没有明显的晃动时,松紧即为适当。

3. 锯削的姿势

锯削时的站立姿势[如图 2.17(a)],左腿跨前半步,两腿自然站立,人体重量均分在两腿上;右手握稳锯柄,左手扶在锯弓前端;锯削时推力和压力主要由右手控制,左手的作用主要是扶正锯弓[如图 2.17(b)]。

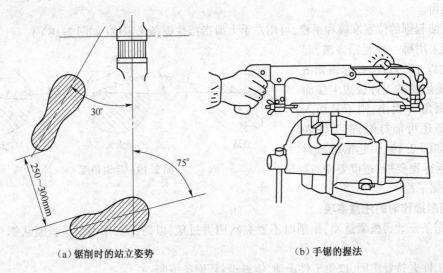

(a) 锯削时的站立姿势　　　　　　　　　(b) 手锯的握法

图 2.17　锯削姿势

推锯时,锯弓运动方式有直线式和摆动式两种,速度约为 20~40 次/min 为宜:

(1)直线式:适用于锯削锯缝底面要求平直的槽、薄形工件或有锯削尺寸要求的工件;

(2)摆动式:适用于锯断材料。锯削时,身体与锯弓作协调性的上下小幅摆动。即当手锯推进时,身体略向前倾,双手压向手锯的同时,左手上翘,右手下托;回程时右手上抬,左手自然跟回。这样操作自然,两手不易疲劳。手锯在回程中因不进行切削故不要施加压力,以免锯齿磨损。

4. 起锯方法

起锯是锯削工作的开始,起锯质量的好坏直接影响锯削质量,起锯的方式有远边起锯和近边起锯两种(如图 2.18)。

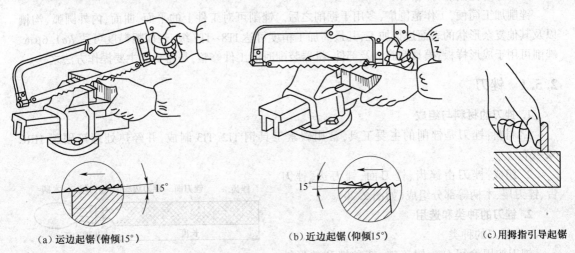

(a) 运边起锯(俯倾15°)　　　　　(b) 近边起锯(仰倾15°)　　　　　(c) 用拇指引导起锯

图 2.18　起锯方法

一般情况下采用远边起锯[如图 2.18(a)],因为此时锯齿是逐步切入材料,不易被卡住;如采用近边起锯[如图2.18(b)],掌握不好时,锯齿由于突然锯入且较深,容易被工件棱边卡住,甚至崩断或崩齿。

为了使起锯的位置准确和平稳,可用左手大拇指挡住锯条来定位(如图2.18 c)。

无论采用哪一种起锯方法,起锯角 α 均以 15° 为宜,如起锯角 α 太大,则锯齿易被工件棱边卡住而崩齿;起锯角 α 太小,则不易切入材料,锯条还可能打滑,把工件表面锯坏(如图2.19)。起锯时压力要小,往返行程要短,速度要慢,这样可使起锯平稳。

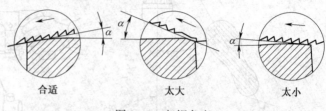

图 2.19　起锯角度

5. 锯削操作时的注意事项

(1)锯条要装得松紧适当,锯削时不要突然用力过猛,以防止工作中锯条折断从锯弓上崩出伤人;

(2)工件夹持要牢固,以免工件走动、锯缝歪斜、锯条折断;

(3)要经常注意锯缝的平直情况,如发现歪斜应及时纠正,歪斜过多则纠正困难,使锯削的质量难于保证;

(4)工件将要锯断时施加的压力要小,应避免压力过大使工件突然断开,手向前冲造成事故,一般工件在将要锯断时要用左手扶住工件断开部分,以免落下伤脚;

(5)在锯削钢件时,可加些机油,以减少锯条与工件的摩擦,提高锯条的使用寿命。

2.5　锉　　削

用锉刀对工件表面进行切削加工,使工件达到零件图所要求的尺寸、形状和表面粗糙度,这种加工方法称为锉削。

锉削加工简便,工作范围广,多用于锯削之后。锉削可对工件上的平面、曲面、内外圆弧、沟槽以及其他复杂形状的表面进行加工,其最高加工精度可达 IT8～IT7 级,表面粗糙度可达 $Ra1.6\mu m$。锉削可用于成形样板、模具型腔以及部件、机器装配时的工件修整,是钳工的主要操作方法之一。

2.5.1　锉刀

1. 锉刀的材料与组成

1. 材料:锉刀是锉削的主要工具,常用碳素工具钢 TI2、TI3 制成,并经热处理淬硬至 HRC 62～67。

2. 组成:锉刀由锉齿、锉刀面、锉刀边、锉刀舌、锉刀尾、木柄等部分组成(如图2.20)。

2. 锉刀的种类和选用

(1)锉刀的种类

锉刀按用途可分为钳工锉、特种锉和整形锉三类。

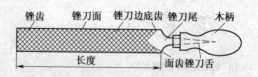

图 2.20　锉刀各部分的名称

①钳工锉(如图2.21)　按其截面形状,可分为平锉、方锉、圆锉、半圆锉和三角锉五种;按其长度可分 100mm、150 mm、200 mm、250 mm、300mm、350 mm 及 400 mm 等 7 种;按其齿纹可分单齿纹、

双齿纹;按其齿纹粗细可分为粗齿、中齿、细齿、粗油光(双细齿)、细油光 5 种。

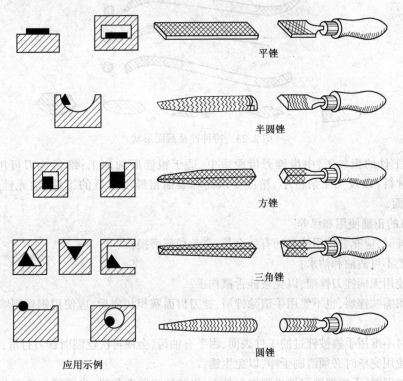

平锉

半圆锉

方锉

三角锉

应用示例

圆锉

图 2.21 钳工锉

②整形锉(什锦锉)(如图 2.22) 主要用于精细加工及修整工件上难以机加工的细小部位,由若干把各种截面形状的锉刀组成一套。

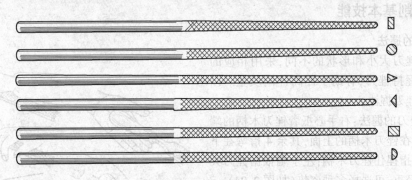

图 2.22 整形锉

③特种锉(图 2.23) 可用于加工零件上的特殊表面,它有直的、弯曲的两种,其截面形状很多。

(2)锉刀的选用

合理选用锉刀对保证加工质量、提高工作效率和延长锉刀寿命有很大的影响。

锉刀的一般选择原则:根据工件表面形状和加工面的大小选择锉刀的断面形状和规格,根据材料软硬、加工余量、精度和粗糙度的要求选择锉刀齿纹的粗细。

粗齿锉刀由于齿距较大、不易堵塞,一般用于锉削铜、铝等软金属及加工余量大、精度低

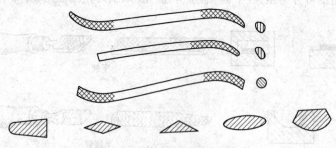

图 2.23　特种锉及截面形状

和表面粗糙工件的粗加工;中齿锉刀齿距适中,适于粗锉后的加工;细齿锉刀可用于锉削钢、铸铁(较硬材料)以及加工余量小、精度要求高和表面粗糙度值低的工件;油光锉用于修光已加工工件表面。

(3)锉刀的正确使用和保养

①在粗锉时,应充分使用锉刀的有效全长,避免局部磨损;

②锉刀上不可沾油和沾水;

③不准使用无柄锉刀锉削,以免被锉舌戳伤手;

④不准用嘴吹锉屑,也不要用手清除锉屑,锉刀齿面塞积切屑后,应使用钢丝刷顺着锉纹方向刷去锉屑;

⑤锉削时不准用手摸被锉过的工件表面,因手有油污,会使再次锉削时锉刀打滑;

⑥锉刀使用完毕时必须清刷干净,以免生锈;

⑦放置锉刀时,不要把锉刀伸出到钳台外面,以防锉刀跌落伤脚,也不能把锉刀与锉刀叠放或锉刀与量具叠放;

⑧锉刀不能作为撬棒用或敲击工件,防止锉刀折断伤人。

2.5.2　锉削基本技能

1. 锉刀的握法

应根据锉刀大小和形状的不同,采用相应的握法。正确握持锉刀,有助于提高锉削质量。以下为常用的锉刀握法。

(1)大锉刀的握法:右手心抵着锉刀木柄的端头,大拇指放在锉刀木柄的上面,其余4指弯在下面,配合大拇指捏住锉刀木柄;左手则根据锉刀大小和用力的轻重,可选择多种姿势(如图2.24)。

(2)中锉刀的握法:右手握法与大锉刀握法相同,而左手则需用大拇指和食指捏住锉刀前端[如图2.25(a)]。

(3)小锉刀的握法:右手食指伸直,拇指放在锉刀木柄上面,食指靠在锉刀的刀边,左手几个手指压在锉刀中部[如图2.25(b)]。

(4)更小锉刀(整形锉)的握法:该握法一般

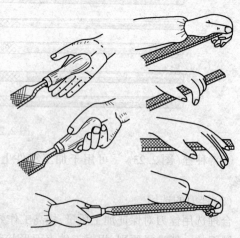

图 2.24　大锉刀的握法

只用右手拿着锉刀,食指放在锉刀上面,拇指放在锉刀的左侧[如图 2.25(c)]。

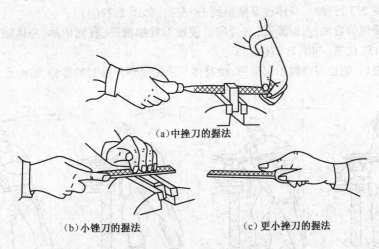

(a)中挫刀的握法

(b)小锉刀的握法　　　　　(c)更小挫刀的握法

图 2.25　中小锉刀的握法

2. 锉削的姿势

正确的锉削姿势能够减轻疲劳,提高锉削质量和效率。以下为两种常见的锉削姿势。

(1)站立姿态:人站在台虎钳左侧,站立时要自然,左腿弯曲,右腿伸直,身体向前倾斜,重心落在左腿上,使得右小臂与锉刀成一直线,左手肘部张开,左上臂部分与锉刀基本平行(如图 2.26)。

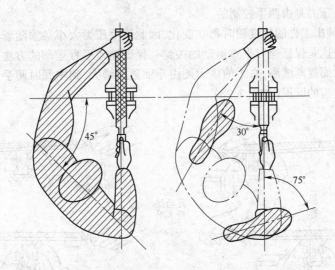

图 2.26　锉削时的站立步位和姿势

(2)锉削姿态:左腿在前弯曲,右腿伸直在后,身体向前倾(约 10°),重心落在左腿上。锉削时,两脚站稳、不动,靠左膝的屈伸使身体作往复运动,手臂和身体的运动要互相配合,并要使锉刀的全长充分利用。

①开始锉削时身体要向前倾斜 10°左右,左肘弯曲,右肘尽量向后收缩[如图 2.27(a)];

②锉刀推出 1/3 行程时,身体要向前倾斜约 15°左右[如图 2.27(b)],这时左腿稍弯曲,左肘

稍直,右臂向前推;

③锉刀推到 2/3 行程时,身体逐渐倾斜到 18°左右[如图 2.27(c)];

④最后左腿继续弯曲,左肘渐直,右臂向前使锉刀继续推进,直到推尽,身体随着锉刀的反作用方向退回到 15° 位置[如图 2.27(d)];

⑤行程结束后,把锉刀略微抬起退回,使身体与手回复到开始时的姿势,如此反复。

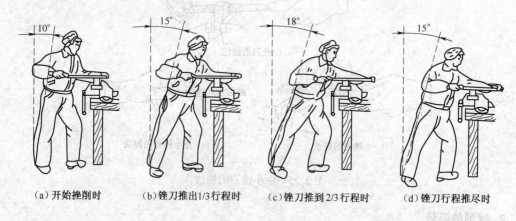

（a）开始挫削时　　（b）锉刀推出1/3行程时　　(c)锉刀推到2/3行程时　　（d）锉刀行程推尽时

图 2.27　锉削动作

3. 锉削力和速度

（1）锉削力的运用:要锉出平直的平面,必须保证锉刀保持平直的锉削运动。

锉削时锉刀的平直运动是完成挫削的关键步骤。锉削的力有水平推力和垂直压力两种。推力主要由右手控制,压力是由两手控制的。

由于锉刀两端伸出工件的长度随时都在变化,因此两手压力大小必须随着变化,使两手压力对工件的力矩相等,这是保证锉刀平直运动的关键。保证锉刀平直运动的方法是:随着锉刀的推进,左手压力应由大而逐渐减小,右手的压力则由小而逐渐增大,到中间时两手压力相等;回程时不加压力,以减少锉齿的磨损(如图 2.28)。

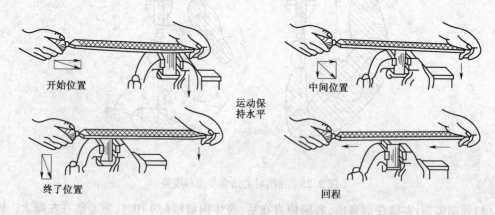

开始位置　　　　　　　　中间位置

运动保
持水平

终了位置　　　　　　　　回程

图 2.28　锉削平面时双手施力的变化

只有掌握了锉削平面的技术要领,才能使锉刀在工件的任意位置时,锉刀两端压力对工件中心的力矩保持平衡,否则,锉刀就不会平衡,工件中间将会产生凸面或鼓形面。

锉削时,因为锉齿存屑空间有限,对锉刀的总压力不能太大。压力太大只能使锉刀磨损加快,但压力也不能过小,压力过小锉刀打滑,则达不到切削目的,一般来说在锉刀向前推进时手上有一种韧性感觉即为适宜。

(2)锉削速度:一般锉削速度为 30~60 次/min,推出时稍慢,回程时稍快,动作要自然协调。太快,操作者容易疲劳,且锉齿易磨钝;太慢,锉削效率低。

2.5.3　锉削方法

1. 锉削平面

常用的锉削方法有三种:

(1)顺向锉法[如图 2.29(a)]:这是最普遍的锉削方法,面积不大的平面和最后锉光大都采用这种方法。这种方法适用于工件锉光、锉平或锉顺锉纹。

锉刀始终沿着工件表面横向或纵向移动,顺向锉削平面可得到整齐一致的锉痕,比较美观,精锉时常常采用。

(2)交叉锉法[如图 2.29(b)]:该方法是以交叉的两方向顺序对工件进行锉削。

由于锉痕是交叉的,容易判断锉削表面的不平程度,因而也容易把表面锉平。交叉锉法锉刀与工件接触面积大,锉刀容易掌握平稳,去屑较快,适用于平面的粗锉。

(3)推锉法[如图 2.29(c)]:两手对称地握住锉刀,用两大拇指推锉刀进行锉削。

这种方法锉削效率低,适用于较窄表面且已经锉平、加工余量很小的工件进行修正尺寸和减小表面粗糙度。

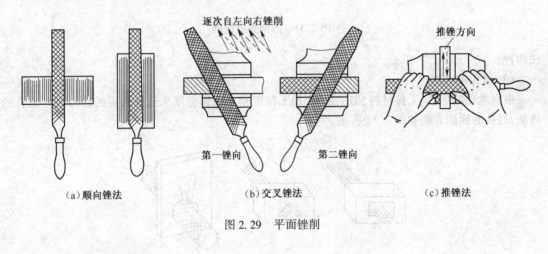

逐次自左向右锉削　　推锉方向

第一锉向　　第二锉向

(a)顺向锉法　　　　(b)交叉锉法　　　　(c)推锉法

图 2.29　平面锉削

2. 圆弧面(曲面)的锉削

(1)外圆弧面锉削:锉刀要同时完成两个运动:锉刀的前推运动和绕圆弧面中心的转动。前推是完成锉削,转动是保证锉出圆弧面形状。常用的外圆弧面锉削方法有滚锉法和横锉法两种。

①滚锉法[如图 2.30(a)]:使锉刀顺着圆弧面锉削。这样锉出的圆弧面光洁圆滑,但锉削效率不高,用于精锉外圆弧面。

②横锉法[如图 2.30(b)]:是使锉刀对着圆弧面沿图示方向直线推进,能较好地锉成接近圆弧但多棱的形状,最后需精锉修光。用于粗锉外圆弧面或不能用滚锉法加工的情况。

(2)内圆弧面锉削(如图 2.31)

锉削时锉刀要同时完成三个运动:锉刀的前推运动、锉刀顺着圆弧面的左右移动和绕锉刀中心线的转动,如缺少任一项运动都将锉不好内圆弧面。常用的内圆弧面锉前方法有圆锉和半圆锉

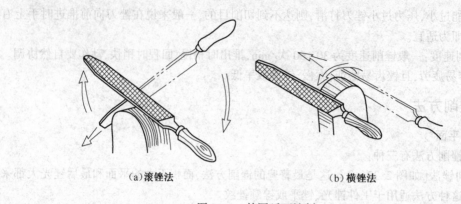

(a)滚锉法   (b)横锉法

图 2.30 外圆弧面锉削

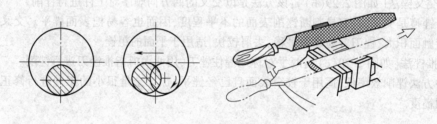

图 2.31 内圆弧面锉削

法两种。

(3)通孔的锉削

根据通孔的形状、工件材料、加工余量、加工精度和表面粗糙度来选择所需的锉刀进行通孔的锉削,通孔的锉削方法如图 2.32 所示。

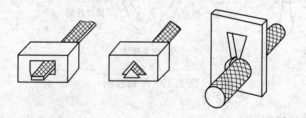

图 2.32 通孔锉削

2.5.4 质量检查

(1)检查直线度:用钢直尺或 90°角尺以透光法来检查工件的直线度[如图 2.33(a)]。

(2)检查垂直度:用 90°角尺采用透光法检查,其方法是:先选择基准面,然后对其他各面进行检查[如图 2.33(b)]。

(3)检查尺寸:检查尺寸是指用游标卡尺在工件全长不同的位置上进行数次测量。

(4)检查表面粗糙度:检查表面粗糙度一般用眼睛观察即可,如要求准确,可用表面粗糙度样板对照进行检查。

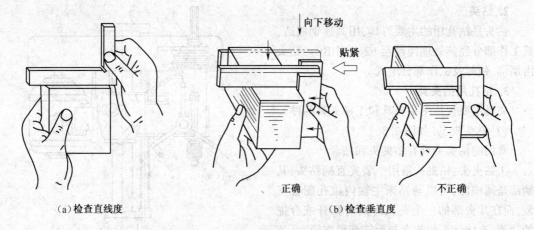

（a）检查直线度　　　　　　　　（b）检查垂直度

图 2.33　用 90°角尺检查直线度和垂直度

2.6　钻孔、扩孔、铰孔和锪孔

各种零件上的孔加工,除去一部分由车、镗、铣等机床完成外,很大一部分是由钳工利用各种钻床和钻孔工具完成的。钳工加工孔的方法一般是指钻孔、扩孔和铰孔。

2.6.1　钻孔

用钻头在实心工件上加工孔叫钻孔,钻孔的加工精度一般在 IT10 级以下,钻孔的表面粗糙度为 $Ra12.5\mu m$ 左右。

一般情况下,孔加工刀具(钻头)应同时完成两个运动(如图 2.34):1 是主运动,即刀具绕轴线的旋转运动(切削运动),2 是进给运动,即刀具沿着轴线方向对着工件的直线运动。

1. 钻床

常用的钻床有台式钻床、立式钻床、摇臂钻床三种,手电钻也是常用的钻孔工具。

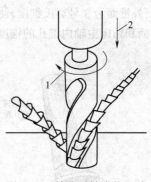

图 2.34　钻孔时钻头的运动

(1)台式钻床(如图 2.35)

台式钻床简称台钻,是一种放在工作台上使用的小型钻床。台钻重量轻,移动方便,转速高(最低转速在 400r/min 以上),适于加工小型零件上直径≤13mm 的小孔,其主轴进给是手动的。

(2)立式钻床

立式钻床简称立钻,其规格是用最大钻孔直径表示的。常用的立钻规格有 25mm、35mm、40mm 和 50mm 等几种。立钻适用于单件、小批量生产中的中、小型零件的加工。

(3)摇臂钻床

这类钻床机构完善,它有一个能绕立柱旋转的摇臂,摇臂带动主轴箱可沿立柱垂直移动,同时主轴箱还能在摇臂上作横向移动。

由于结构上的这些特点,操作时能很方便地调整刀具位置以对准被加工孔的中心,而无需移动工件来进行加工。此外,主轴转速范围和进给量范围很大,因此适用于笨重、大工件及多孔工件的加工。

2. 钻头

钻头是钻孔用的主要刀具,用高速钢制造,其工作部分经热处理淬硬至62~65HRC。钻头由柄部、颈部及工作部分组成。

3. 钻孔用的夹具

夹具主要包括钻头夹具和工件夹具两种。

(1)钻头夹具(如图2.36)

常用的钻头夹具有钻夹头和钻套。

①钻夹头:钻夹头适用于装夹直柄钻头,其柄部是圆锥面,可以与钻床主轴内锥孔配合安装,而在其头部的三个夹爪有同时张开或合拢的功能,这使钻头的装夹与拆卸都很方便。

②钻套:钻套又称过渡套筒,用于装夹锥柄钻头。由于锥柄钻头柄部的锥度与钻床主轴内锥孔的锥度不一致,为使其配合安装,故把钻套作为锥体过渡件。锥套的一端为锥孔,可内接钻头锥柄,其另一端的外锥面接钻床主轴的内锥孔。钻套依其内外锥度的不同分为5个型号(1~5),例如,2号钻套其内锥孔为2号莫氏锥度,外锥面为3号莫氏锥度,使用时可根据钻头锥柄和钻床主轴内锥孔的锥度来选用。

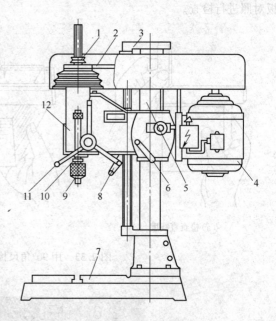

图2.35　台式钻床

1—塔轮;2—V带;3—丝杆架;4—电动机;5—立柱;
6—锁紧手柄;7—工作台;8—升降手柄;9—钻夹头;
10—主轴;11—进给手柄;12—头架

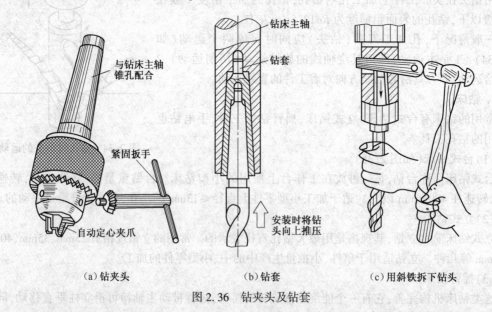

(a)钻夹头　　　　　(b)钻套　　　　　(c)用斜铁拆下钻头

图2.36　钻夹头及钻套

(2)工件夹具(如图2.37)

加工工件时,应根据钻孔直径和工件形状来合理使用工件夹具。装夹工件要牢固可靠,但又不能将工件夹得过紧而损伤工件或使工件变形影响钻孔质量。常用的夹具有手虎钳、机床用平口虎钳、V 形架和压板等。

①机用平口虎钳或卡盘用于中小型平整工件的夹持(如图 2.37(a)、(e))。

②对于轴或套筒类工件可用 V 形架夹持(如图 2.37(b))并和压板配合使用。

③对不适于用虎钳夹紧的工件或要钻大直径孔的工件,可用压板、螺栓直接固定在钻床工作台上[如图 2.37(c)、(d)]。

④对底面不平或加工基准在侧面的工件可用角铁夹持[如图 2.37(f)]。

⑤对于薄壁工件和小工件,常用手虎钳夹持(如图 2.37(g))。

⑥在成批和大量生产中广泛应用钻模夹具,可提高生产率。例如应用钻模钻孔时,可免去划线工作,提高生产效率,钻孔精度可提高一级,粗糙度也有所减小。

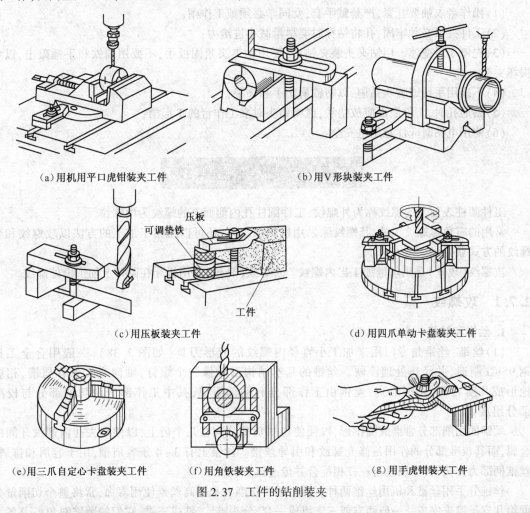

(a)用机用平口虎钳装夹工件　　　　(b)用V形块装夹工件

(c)用压板装夹工件　　　　(d)用四爪单动卡盘装夹工件

(e)用三爪自定心卡盘装夹工件　　(f)用角铁装夹工件　　(g)用手虎钳装夹工件

图 2.37　工件的钻削装夹

2.6.2　扩孔、铰孔和锪孔

1. 扩孔

扩孔用以扩大已加工出的孔(铸出、锻出或钻出的孔)。它可以校正孔的轴线偏差,并使其获得较正确的几何形状和较小的表面粗糙度,其加工精度一般为 IT10~IT9 级,表面粗糙度 $Ra3.2$~$6.3\mu m$。扩孔可作为要求不高的孔的最终加工,也可作为精加工(如铰孔)前的预加工,扩孔加工余量为 0.5~4mm。

2. 铰孔

铰孔是用铰刀从工件壁上切除微量金属层,以提高其尺寸精度和表面质量的加工方法,铰孔的加工精度可高达 IT7~IT6 级,铰孔的表面粗糙度 $Ra0.4~0.8\mu m$。

铰孔时铰刀不能倒转,否则切屑会卡在孔壁和切削刃之间,从而使孔壁划伤或切削刃崩裂。

3. 锪孔

锪孔是用锪钻对工件上的已有孔进行孔口形面的加工,其目的是为保证孔端面与孔中心线的垂直度,以便使与孔连接的零件位置正确,连接可靠。

钻孔操作时应注意的事项:

(1)操作者衣袖要扎紧,严禁戴手套,女同学必须戴工作帽;

(2)工件夹紧必须牢固,孔将钻穿时要尽量减小进给力;

(3)先停车后变速。用钻夹头装夹钻头,要用钻夹头紧固扳手,不要用扁铁和手锤敲击,以免损坏夹头;

(4)不准用手拉或嘴吹钻屑,以防铁屑伤手和伤眼;

(5)钻通孔时,工件底面应放垫块,或将钻头对准工作台的 T 形槽;

(6)使用电钻时应注意用电安全;

2.7 攻螺纹和套螺纹

工件圆柱表面上的螺纹称为外螺纹,工件圆柱孔内侧面上的螺纹为内螺纹。

常用的三角形螺纹工件,其螺纹除采用机械加工外,还可以用钳工加工的方法以攻螺纹和套螺纹的方式获得。

攻螺纹(攻丝)是用丝锥加工出内螺纹。套螺纹(套丝)是用板牙在圆杆上加工出外螺纹。

2.7.1 攻螺纹

1. 丝锥和铰杠

(1)丝锥:丝锥是专门用来加工小直径内螺纹的成形刀具(如图 2.38),一般用合金工具钢 9SiCr 制造,并经热处理淬硬。丝锥的基本结构形状像一个螺钉,轴向有几条容屑槽,相应地形成几瓣刀刃(切削刃)。丝锥由工作部分和柄部组成,其中工作部分由切削部分与校准部分组成。

丝锥的切削部分常磨成圆锥形,以便使切削负荷分配在几个齿上,以便切去孔内螺纹牙间的金属,而其校准部分的作用是修光螺纹和引导丝锥。丝锥上有 3~4 条容屑槽,用于容屑和排屑。丝锥柄部为方头,其作用是与铰杠相配合并传递扭矩。

丝锥分手用丝锥和机用丝锥两种。为了减少切削力和提高丝锥使用寿命,常将整个切削量分配给几支丝锥来完成。一般两支或三支组成一套,分头锥、二锥或三锥,它们的圆锥斜角(κ_r)各不相等,校准部分的外径也不相同,其所负担的切削工作量分配是:头锥为 60%(或 75%)、二锥为 30%(或 25%)、三锥为 10%。

(2)铰杠:铰杠是用来夹持丝锥的工具(如图 2.39)。常用的可调式铰杠,通过旋转右边手柄,即可调节方孔的大小,以便夹持不同尺寸的丝锥。铰杠长度应根据丝锥尺寸大小进行选择,以便控制攻螺纹时的施力(扭矩),防止丝锥因施力不当而折断。

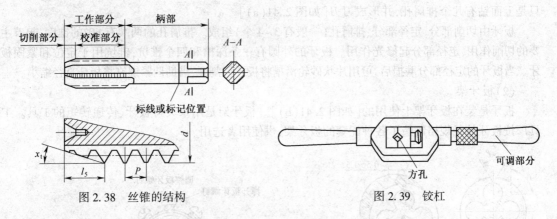

图 2.38 丝锥的结构　　　　　　　图 2.39 铰杠

2. 攻螺纹前确定钻底孔的直径和深度

丝锥主要是切削金属,但也有挤压金属的作用,在加工塑性好的材料时,挤压作用尤其显著。攻螺纹前工件的底孔直径(即钻孔直径)必须大于螺纹标准中规定的螺纹小径,确定其底孔钻头直径 d_0 的方法,可采用查表法(见有关手册资料)确定,或用下列经验式(2.1)、(2.2)计算:

钢材及韧性金属　　　　　　　　　$d_0 \approx d - P$ 　　　　　　　　　　　　　(2.1)

铸铁及脆性金属　　　　　$d_0 \approx d - (1.05 - 1.1)P$ 　　　　　　　　　(2.2)

式中: d_0 ——底孔直径;

　　　d ——螺纹公称直径;

　　　P ——螺距。

攻盲孔(不通孔)的螺纹时,因丝锥顶部带有锥度,不能形成完整的螺纹,所以为得到所需的螺纹长度,孔的深度 h 要大于螺纹长度 l。盲孔深度可按式(2.3)计算

孔的深度 h = 所需螺孔深度 l + $0.7d$ 　　　　　　　　　　(2.3)

3. 攻螺纹的操作方法

(1)攻螺纹开始前,先将螺纹钻孔端面孔口倒角,以利于丝锥切入;

(2)攻螺纹时,先用头锥攻螺纹。首先旋入 1~2 圈,检查丝锥是否与孔端面垂直(可用目测或直角尺在互相垂直的两个方向检查),然后继续使铰杠轻压旋入,当丝锥的切削部分已经切入工件后,可只转动而不加压,每转一圈后应反转 1/4 圈,以便切屑断落(如图 2.40)。

(3)攻完头锥再继续攻二锥、三锥,每更换一锥,仍要先旋入 1~2 圈,扶正定位,再用铰杠,以防乱扣。

(4)攻钢料工件时,可加机油润滑使螺纹光洁并延长丝锥使用寿命。对铸铁件,可加煤油润滑。

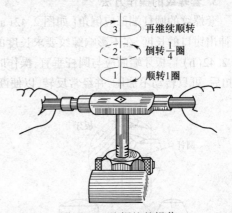

图 2.40 攻螺纹的操作

2.7.2 套螺纹

1. 板牙和板牙架

(1)板牙

板牙是加工外螺纹的刀具,由合金工具钢 9SiCr 制成并经热处理淬硬,其外形像一个圆螺母,

只是上面钻有几个排屑孔，并形成刀刃[如图2.41(a)]。

板牙由切削部分、定径部分、排屑孔(一般有3~4个)组成。排屑孔的两端有60°的锥度，起着主要的切削作用，定径部分起修光作用。板牙的外圆有一条深槽和四个锥坑，锥坑用于定位和紧固板牙。当板牙的定径部分磨损后，可用片状砂轮沿槽将板牙切割开，借助调紧螺钉将板牙直径缩小。

（2）板牙架

板牙是装在板牙架上使用的[如图2.41(b)]。板牙架是用来夹持板牙、传递转矩的工具。工具厂按板牙外径规格制造了各种配套的板牙架，供使用者选用。

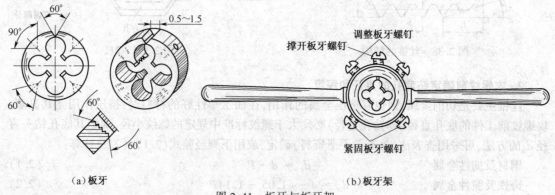

（a）板牙　　　　　　　　　　　　　　（b）板牙架

图2.41　板牙与板牙架

2. 套螺纹前圆杆直径的确定

圆杆外径太大，板牙难以套入；太小，套出的螺纹牙形不完整，因此，圆杆直径应稍小于螺纹公称尺寸。

计算圆杆直径的经验公式

$$圆杆直径\ d \approx 螺纹大径\ D - 0.13P \tag{2.4}$$

3. 套螺纹的操作方法

套螺纹的圆杆端部应倒角[如图2.42(a)]，使板牙容易对准工件中心，同时也容易切入。工件伸出钳口的长度，在不影响螺纹要求长度的前提下，应尽量短些。套螺纹过程与攻螺纹相似[如图2.42(b)]：板牙端面应与圆杆垂直，操作时用力要均匀；开始转动板牙时，要稍加压力；套入3~4扣后，可只转动不加压，并经常反转，以便断屑。

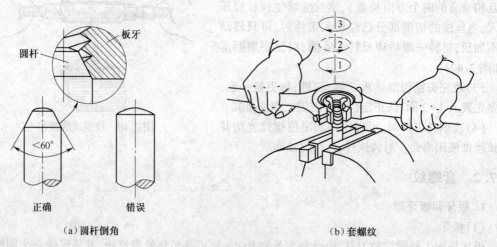

（a）圆杆倒角　　　　　　　　　　　　（b）套螺纹

图2.42　圆杆倒角和套螺纹

攻螺纹及套螺纹的注意事项:

(1)攻螺纹(套螺纹)已经感到很费力时,不可强行转动,应将丝锥(板牙)倒退出,清理切屑后再攻(套);

(2)攻制不通螺孔时,注意丝锥是否已经接触到孔底,如接触到孔底,此时如继续硬攻,就会折断丝锥;

(3)使用成组丝锥,要按头锥、二锥、三锥依次取用。

实训项目一　制作手锤

一、工件及要求

手锤图样(如图 2.43)。

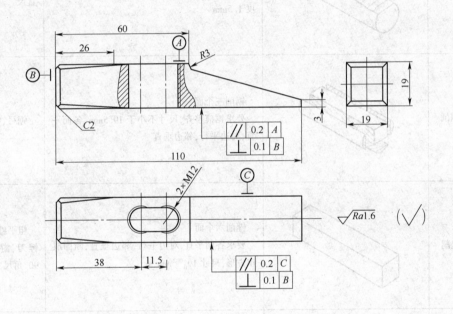

图 2.43　手锤(材料:45 钢)

二、制作手锤操作步骤(表 2.1)

表 2.1　制作手锤操作步骤

制作步骤	加工简图	加工内容	工具、量具
1 备料	$\phi 30$ 112	下料 材料:45 钢、$\phi 30$ 棒料、长度 112mm	钢直尺

制作步骤		加工简图	加工内容	工具、量具
2	划线		划线 　　在 φ30 两端圆柱表面上划 19 * 19 的加工界线,并打样冲眼	划线盘、90°角尺、划针、样冲、锤子
3	锯削		锯削一个面 　　要求锯削宽度不小于 20mm,平面度、直线度 1.5mm	錾子、手锤、钢直尺
4	锯削		锯削三个面 　　要求锯痕整齐,尺寸不小于 19.5mm,各面平直,对边平行,邻边垂直	锯弓、锯条
5	锉削		锉削六个面 　　要求各面平直,对边平行,邻边垂直,断面成正方形,尺寸 $19_0^{+0.2}$mm	粗平锉刀、中平锉刀、游标卡尺、90°角尺
6	划线		划线 　　按工件尺寸全部划出加工界线,并打样冲眼	划针、划规、钢直尺、样冲、手锤、划线盘(游标高度尺)等
7	锉削		锉削一个圆弧面 圆弧半径符合图纸要求	圆锉

续表

制作步骤		加工简图	加工内容	工具、量具
8	锯削		锯削斜面 要求锯痕整齐	锯弓、锯条
9	锉削		锉削斜面 要求符合图纸要求	粗平锉刀、中平锉刀
10	钻孔		钻孔 用 $\phi10.3$ 钻头钻两孔	$\phi10.3$ 钻头,台钻
11	锉削		锉通孔、倒角 先用圆锉锉开两空连接部分,再用小方锉或小平锉锉掉留在两孔间的多余金属,用小平锉锉倒角,使倒角要求符合图纸要求	小方锉或小平锉,8″中圆锉
12	修光		修光 用细平锉和砂布修光各平面,用圆锉和砂布修光各圆弧面	细平锉、砂布

三、工件的评分标准参考表 2.2。

表 2.2　钳工评分标准

几何尺寸 50%							
AD		BC		平行度		平面度	
尺寸	分数	尺寸	分数	//	分数	◇	分数
19±0.1	100	19±0.5	0	0.05	100	0.05	100
尺寸每超 0.01mm 扣 1 分		尺寸每超 0.05mm 扣 1 分		平行度每超 0.01mm 扣 2 分		平面度每超 0.01mm 扣 2 分	
备注	几何尺寸分 =（AD+BC+//+◇）×3						

表面粗糙度 10%			
无锉痕	有较浅锉痕	有少量较深锉痕	有大量较深锉痕
光滑	较光滑	不光滑	粗糙
100 分	90 分	70 分	60 分以下

续表

操作技能 15%			
划线、锉、锯各项操作规范	各项操作中有一至二项不规范	各项操作均不够规范	各项操作均不规范，且倒角、钻偏等不理想
100 分	80 分	60 分	60 分以下

书面作业 5%	5%
安全纪律 20%	迟到、早退一次均扣 3 分，旷课一次扣 5 分，不遵守工艺要求扣 5 分

实训项目二　锉配凹凸件

一、工件及要求

凹凸件图样(如图 2.44)。

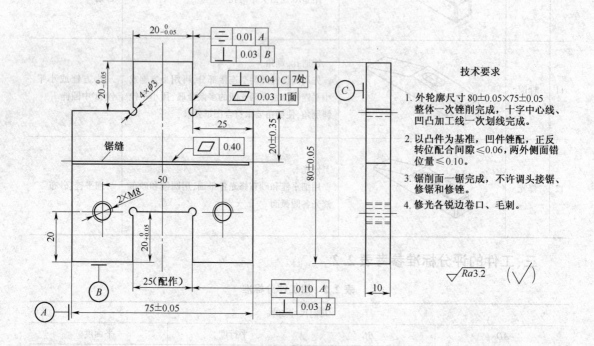

技术要求

1. 外轮廓尺寸 80±0.05×75±0.05 整体一次锉削完成，十字中心线、凹凸加工线一次划线完成。

2. 以凸件为基准，凹件锉配，正反转位配合间隙≤0.06，两外侧面错位量≤0.10。

3. 锯削面一锯完成，不许调头接锯、修锯和修锉。

4. 修光各锐边卷口、毛刺。

图 2.44　锉配凹凸件(材料:Q235A)

二、锉配凹凸件的操作步骤

锉配凹凸件的步骤如图 2.45 所示。

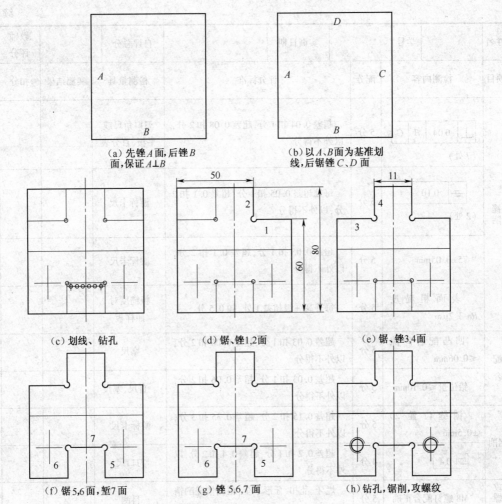

图 2.45 锉配凹凸件的操作步骤

三、锉配凹凸件评分标准(表 2.3)

表 2.3 锉配凹凸件评分标准

姓名		学号		实训日期		自评总分		教师评分	
项目	检测内容	配分	评分标准			检测量具	实测结果	扣分	得分
锉削	凸台深度 $20^{0}_{-0.05}$ mm(2 处)	5 分	每处超差 0.03 扣 1 分,超差 0.05 扣 2 分,超差 0.10 扣 3 分,以外不得分			游标卡尺			
	凸台宽度 $25^{0}_{-0.05}$ mm	5 分	每处超差 0.03 扣 1 分,超差 0.05 扣 2 分,超差 0.10 扣 3 分,以外不得分			游标卡尺			
	凹形体深度 $20^{+0.05}_{0}$ mm	5 分	每处超差 0.03 扣 1 分,超差 0.05 扣 2 分,超差 0.10 扣 3 分,以外不得分			游标卡尺			
	▱ 0.03 (11 处)	11 分	每超差 1 处,扣 1 分			刀口尺、平板、百分表			

姓名		学号		实训日期		自评总分		教师评分	
项目	检测内容	配分	评分标准			检测量具	实测结果	扣分	得分
锉削	⊥ 0.04 B C (7处)	5分	超差0.04扣1分，超差0.08扣2分，以外不得分			刀口角尺或平板、百分表			
	＝ 0.10 A (2处)	5分	每处超差0.05扣1分，超差0.1扣2分，以外不得分			游标卡尺			
	75±0.05mm	5分	超差0.05扣1分，超差0.1扣2分，以外不得分			游标卡尺			
	表面粗糙度 Ra 3.2μm	5分	每升高一级超差1处，扣0.5分			粗糙度对照样板			
配合	凹凸配合间隙 ≤0.06mm	5分	超差0.03扣1分，超差0.06扣2分，以外不得分			塞尺			
	错位量≤0.10mm	5分	超差0.03扣1分，超差0.06扣2分，以外不得分			直尺、塞尺			
锯削	锯缝位置20±0.5mm	5分	超差0.15扣2分，超差0.35扣3分，以外不得分			游标卡尺			
	▱ 0.4	4分	超差0.2扣1分，超差0.4扣2分，以外不得分			刀口尺			
攻螺纹	M8螺钉配合正确	5分	烂牙、乱扣、牙形不全，根据情况酌情扣分			目测			
	安全文明生产劳动纪律	20分	每迟到早退一次扣2分，工量具使用不正确扣4分，工量具摆放差扣3分，设备保养及环境卫生差扣3分，违反操作规程扣6分						
	实训报告	10分	按工艺分析水平及写作水平评分						

第 3 章　车 削 加 工

【目的和要求】

1. 了解安全操作规程,做到安全文明生产。

2. 了解卧式车床的种类、型号、主要组成部分及其作用,掌握卧式车床的调整方法。

3. 能正确选择和使用常用的刀具、量具和夹具。

4. 了解金属切削加工的内容,了解车削加工的工艺特点及加工范围。

5. 熟悉车削时常用的工件装夹方法、特点和应用,了解卧式车床常用附件的结构和用途。

6. 掌握车外圆、车端面、车螺纹以及切槽、切断、车圆锥面、车成形面等的车削法和测量方法,熟悉车削所能达到的尺寸精度、表面粗糙度值范围,能独立加工中等复杂程度零件并具有一定的操作技能。

【安全操作规程】

1. 要穿戴合适的工作服,长头发要压入帽内,不能戴手套操作。

2. 开车前按规定润滑机床,检查各手柄的位置是否到位,并开慢车试运行 5 min,确认一切正常方能操作。

3. 多人共用一台设备时,只能一人操作并注意他人安全。

4. 卡盘夹头要上牢固,卡盘扳手使用完毕后,必须及时取下,否则不能启动车床。

5. 开车后,人不能正对工件站立,身体不靠车床,不能用手触摸工件的表面,也不能用量具测量工件的尺寸,以防发生人身安全事故。

6. 清除切屑时应用刷子或专用钩。

7. 工具、量具和刃具应分类整齐地安放在工具车上。

8. 严禁开车时变换车床主轴转速,以防损坏车床而发生设备安全事故。

9. 车削时,方刀架应调整到合适位置,以防小滑板左端碰撞卡盘爪而发生人身、设备安全事故。

10. 机动纵向或横向进给时,严禁床鞍及横滑板超过极限位置,以防滑板脱落或碰撞卡盘而发生人身、设备安全事故。

11. 发生事故时,立即停机并关闭车床电源。

12. 工作结束后,关闭电源,清除切屑,认真擦拭机床,加油润滑,以保持良好的工作环境,并将尾座和溜板箱退到床身最右端。

3.1　车削加工概述

3.1.1　车削加工的特点及范围

1. 车削加工的特点

在车床上,工件旋转,车刀在平面内作直线或曲线移动的切削称为车削。车削是以工件旋转为主运动、车刀纵向或横向移动为进给运动的一种切削加工方法,车外圆时各种运动的情况如图 3.1 所示。

2. 车削加工范围

凡具有回转体表面的工件,都可以在车床上用车削的方法进行加工,此外,车床还可以绕制弹簧。卧式车床的加工范围如图 3.2 所示。

车削加工工件的尺寸公差等级一般为 IT9 ~ IT7 级,其表面粗糙度值 Ra 3.2~1.6μm。

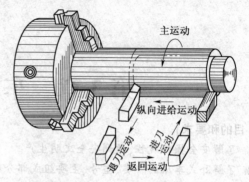

图 3.1　车削运动

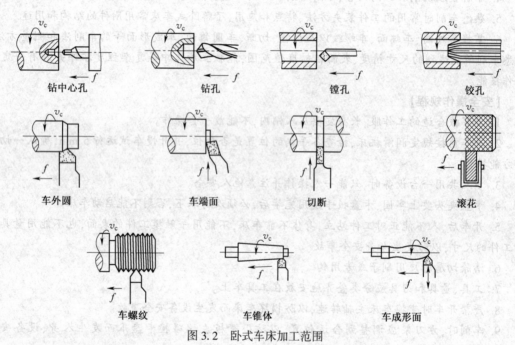

钻中心孔　　　钻孔　　　镗孔　　　铰孔

车外圆　　　车端面　　　切断　　　滚花

车螺纹　　　车锥体　　　车成形面

图 3.2　卧式车床加工范围

3.1.2　切削用量选择

在切削加工过程中的切削速度 v_c、进给量 f、背吃刀量 a_p 称为切削用量,俗称切削用量三要素。车削时切削用量(如图 3.3)的合理选择对提高生产率和切削质量有着密切关系。

1. 切削速度 v_c

切削速度是切削刃选定点相对于工件的主运动的瞬时速度,单位为 m/s 或 m/min,可用式(3.1)计算

$$v_c = \frac{\pi Dn}{1\ 000}(\text{m/min}) = \frac{\pi Dn}{1\ 000 \times 60}(\text{m/s}) \quad (3.1)$$

式中:D——工件待加工表面直径,mm;

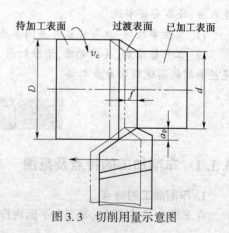

图 3.3　切削用量示意图

n——工件每分钟的转速,r/min。

2. 进给量 f

进给量是刀具在进给运动方向上相对工件的位移量,用工件每转的位移量来表达和度量,单位为 mm/r。

3. 背吃刀量 a_p

背吃刀量是在通过切削刃基点(中点)并垂直于工作平面的方向(平行于进给运动方向)上测量的吃刀量,即工件待加工表面与已加工表面间的垂直距离,单位为 mm。

背吃刀量可用式(3.2)表达

$$a_p = \frac{D - d}{2} \quad (\text{mm}) \tag{3.2}$$

式中:D——工件待加工表面直径,mm;

　　　d——工件已加工表面直径,mm。

3.2　卧 式 车 床

3.2.1　卧式车床的组成

卧式车床由主轴箱、进给箱、溜板箱、光杠、丝杠、方刀架、尾座、床身及床腿等部分组成(如图3.4)。

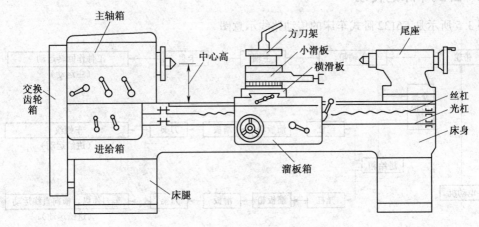

图 3.4　C6132 型卧式车床示意图

1. 主轴箱

箱内装有主轴和主轴变速机构。电动机的运动经普通 V 形带传给主轴箱,再经过内部主轴变速机构将运动传给主轴,通过变换主轴箱外部手柄的位置来操纵变速机构,使主轴获得不同的转速,而主轴的旋转运动又通过挂轮机构传给进给箱。主轴为空心结构:前部外锥面用于安装卡盘和其他夹具来装夹工件,内锥面用于安装顶尖来装夹轴类工件,内孔可穿入长棒料。

2. 进给箱

箱内装有进给运动的变速机构,通过调整外部手柄的位置,可获得所需的各种不同的进给量或螺距(单线螺纹为螺距,多线螺纹为导程)。

3. 光杠和丝杠

将进给箱内的运动传给溜板箱。光杠传动用于回转体表面的机动进给车削;丝杠传动用于螺纹车削,其变换可通过进给箱外部的光杠和丝杠变换手柄来控制。

4. 溜板箱

溜板箱是车床进给运动的操纵箱。箱内装有进给运动的变向机构,箱外部有纵、横向手动进给、机动进给及开合螺母等控制手柄。改变不同的手柄位置,可使刀架纵向或横向移动机动进给以车削回转体表面;或将丝杠传来的运动变换成车螺纹的走刀运动;或手动操作纵向、横向进给运动。

5. 刀架和滑板

刀架和滑板用来夹持车刀使其作纵向、横向或斜向进给运动,由横滑板、转盘、小滑板和方刀架组成。

6. 尾座

其底面与床身导轨面接触,可调整并固定在床身导轨面的任意位置上。在尾座套筒内装上顶尖可夹持轴类工件,装上钻头或铰刀可用于钻孔或铰孔。

7. 床身

床身是车床的基础零件,用于连接各主要部件并保证其相对位置。

8. 床腿

床腿支承床身并与地基连接。

3.2.2　卧式车床的传动

图 3.5 所示是 C6132 卧式车床的传动路线示意图。

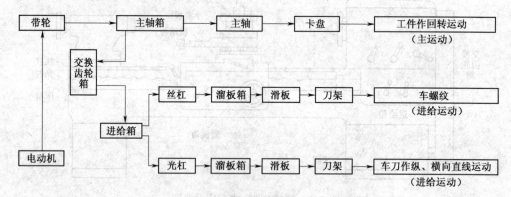

图 3.5　C6132 卧式车床传动路线示意图

C6136 车床操纵系统,如图 3.6 所示。

(1)手柄 5 的操作:操纵手柄 5 可实现螺纹或进给量的变换,当手柄 5 垂直且左右摆动时自左至右有 1~6 六个挡位变换(如图 3.7);手柄 5 外摆一个角度并左右摆,自左至右也有(A~F)6 个挡位变换。把此两排挡位按照螺纹进给量标牌适当组合即可获得螺纹和进给量的基本规格。

(2)手柄 6 的操作:右边的手柄 6 垂直且左右摆动,自左至右有 I~V 五个挡位变换,可实现螺距或进给量的成倍增大或缩小(倍增机构);当手柄外摆并左右移动有 S、M 两个挡位,分别接通光杠(S)或丝杠(M)。

提示:进给箱变换手柄 5、6 可在中低速下进行。

(3)熟练掌握纵向和横向手动进给手轮的转动方向:操作时,左手握纵向进给移动手轮 10,右

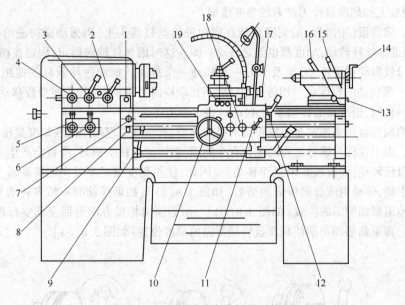

图 3.6　C6132 卧式车床操纵系统图

1—电机变速开关;2、3—主轴变速手柄;4—左右螺纹转换手柄;5、6—螺距进给量选择手柄;7—急停按钮;
8—冷却泵开关;9—正反车手柄;10—床鞍纵向移动手轮;11—开合螺母手柄;12—纵横机动进给选择手柄;
13—尾座锁紧手柄;14—尾座套筒移动手轮;15—尾座体锁紧手柄;16—套筒夹紧手柄;17—小刀架进给手柄;
18—手泵润滑手轮;19—刀架横向移动手柄

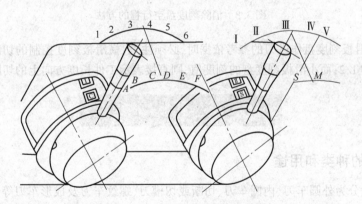

图 3.7　螺距进给量选择手柄示意图

手握横向进给移动手柄 19。逆时针转动手轮 10,溜板箱左进(移向主轴箱),顺时针转动,则溜板箱右退(退向床尾);顺时针转动手柄 19,刀架前进,逆时针转动,则刀架退回。

(4)熟练掌握纵向或横向机动进给的操作:如将纵、横机动进给选择手柄 12 向身体前方推即可横向机动进给;如将手柄 12 向身体侧后方扳下即可纵向机动进给;如扳到中间则停止纵向或横向机动进给。

注意:必须在机床启动后,才可扳动手柄 12 选择纵向或横向机动进给;停机前,先把手柄 12 扳到中间位置停止纵向或横向机动进给。

(5)尾座的操作:尾座靠手动移动,其固定方式是靠紧固螺栓螺母锁紧的。转动尾座套筒手轮 14,可使套筒在尾座内移动;转动压紧尾座套筒 13,可将套筒固定在尾座内。

(6)刻度盘的原理及应用:车削工件时,为了准确和迅速地掌握切削深度,通常利用横滑板(中滑板)或小滑板上的刻度盘作为进刀的参考依据。

①原理。横滑板(中滑板)的刻度盘装在横向进给丝杠端头上,当摇动横向进给手动手柄19一圈时,横向进给丝杆转动,刻度盘也随之转动一圈。这时因丝杠轴向固定,固定在横滑板上与丝杠连接的螺母就带动横滑板、刀架及车刀一起移动一个螺距。横向进给丝杠的螺距为4 mm(单线),与手柄一起转动的刻度盘一周等分80格,当摇动横滑板手柄一周时,横滑板移动4 mm,则刻度盘每转过一格时,横滑板的移动量为4(mm)÷80=0.05(mm)。

小滑板的刻度盘用来控制车刀短距离的纵向移动,其刻度原理与中滑板刻度盘相同。

②应用。由于丝杠与螺母之间的配合存在间隙,在摇动丝杠手柄时,滑板会产生空行程(即丝杠带动刻度盘已转动,而滑板并未立即移动)。因此,使用刻度盘时要反向先转动适当角度,再正向慢慢摇动手柄,带动刻度盘到所需的格数[如图3.8(a)];如果摇动时不慎多转动了几格,这时绝不能简单地退回到所需的位置[如图3.8(b)],而必须向相反方向退回全部空行程(通常反向转动1/2圈),再重新摇动手柄使刻度盘转到所需的刻度位置[如图3.8(c)]。

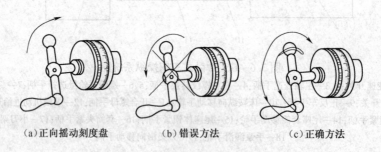

(a)正向摇动刻度盘　　　(b)错误方法　　　(c)正确方法

图3.8　消除刻度盘空行程的方法

利用横、小滑板刻度盘作进刀的参考依据时,必须注意:横滑板刻度控制的切削深度是工件直径上余量尺寸的1/2;而小滑板刻度盘的刻度值,则直接表示工件长度方向上的切除量。

3.3　车削刀具

3.3.1　车刀的种类和用途

车刀按用途分为外圆车刀、内圆车刀、切断或切槽刀、螺纹车刀及成形车刀等。内圆车刀按其能否加工通孔又分为通孔车刀或不通孔车刀。

车刀按其形状分为直头或弯头车刀、尖刀或圆弧车刀、左或右偏刀等。

车刀按其材料分为高速钢车刀或硬质合金车刀等。

车刀按被加工表面精度的高低可分为粗车刀和精车刀(如弹簧车刀)。

车刀按结构可分为整体式、焊接式和机械夹固式三类,其中机械夹固式车刀又按其能否刃磨分为重磨式和不重磨式(转位式)车刀。

图3.9所示为车刀按用途分类的情况及所加工的各种表面。

3.3.2　车刀的组成

车刀由刀头和刀杆两部分组成(如图3.10)。刀头是车刀的切削部分,刀杆是车刀的夹持部分。

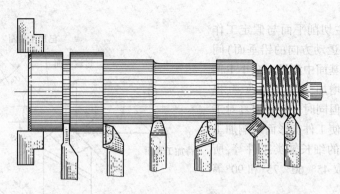

切外槽　车右台阶　车右阶圆角　车左台阶　　倒角　　车螺纹

图 3.9　部分车刀的用途

3.3.3　车刀的几何角度及其作用

为了确定车刀切削刃和其前后面在空间的位置,即确定车刀的几何角度,有必要建立三个互相垂直的坐标平面(辅助平面):基面、切削平面和正交平面(如图 3.11)。

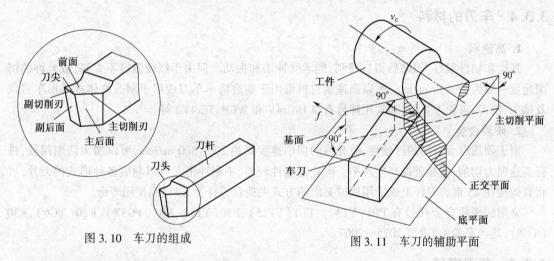

图 3.10　车刀的组成　　　　　　　　　图 3.11　车刀的辅助平面

车刀切削部分在辅助平面中的位置,形成车刀的几何角度。车刀的主要角度有前角 γ_o、后角 α_o、主偏角 κ_r、副偏角 κ_r'(如图 3.12)。

1. 前角 γ_o

前角是指前面与基面间的夹角,其角度可在正交平面中测量。增大前角会使前面倾斜程度增加,切屑易流经刀具前面,且变形小而省力;但前角也不能太大,否则会削弱刀刃强度,容易崩坏。一般前角 $\gamma_o = 5° \sim 20°$,前角的大小还取决于工件材料、刀具材料及粗、精加工等情况,如工件材料和刀具材料较硬,前角 γ_o 应取小值,而在精加工时,前角 γ_o 取大值。

2. 后角 α_o

后角是指后面与切削平面间的夹角,其角度在正交平面中测量,其作用是减小车削时主后面与工件间的摩擦,降低切削时的振动,提高工件表面加工质量。一般后角 $\alpha_o = 3° \sim 12°$,超加工或切削较硬材料时后角取小值,精加工或切削较软材料时取大值。

3. 主偏角 κ_r

主偏角是指主切削平面与假定工作平面(平行于进给运动方向的铅垂面)间的夹角,其角度在基面中测量。减小主偏角,可使刀尖强度增加,散热条件改善,提高刀具使用寿命,但同时也会使刀具对工件的背向力增大,使工件变形而影响加工质量,如不易车削的细长轴类工件等,所以通常主偏角 κ_r 取 45°、60°、75° 和 90° 等几种。

4. 副偏角 κ'_r

副偏角是指副切削平面(过副切削刃的铅垂面)与假定工作平面(平行于进给运动方向的铅垂面)间的夹角,其角度在基面中测量,其作用是减少副切削刃与

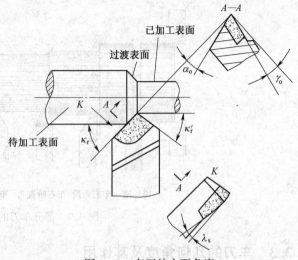

图 3.12　车刀的主要角度

已加工表面间的摩擦,以提高工件表面加工质量,一般副偏角 $\kappa'_r = 5° \sim 15°$。

3.3.4　车刀的材料

1. 高速钢

强度和韧性很好,刃磨后刃口锋利,能承受冲击和振动。但由于红硬温度不太高,故允许的切削速度一般为 $25 \sim 30$ m/min,所以高速钢材料常用于制造精车刀或用于制造整体式成形车刀以及钻头、铣刀、齿轮刀具等,其常用牌号有 W18Cr4V 和 W6Mo5Cr4V2 等。

2. 硬质合金

由于硬质合金有高的红硬性,故允许的切削速度高达 $200 \sim 300$ m/min,可以加大切削用量,进行高速强力切削,能显著提高生产率。但它的韧性较差,不耐冲击。可以制成各种形式的刀片,可将其焊接在 45 钢的刀杆上或采用机械夹固的方式夹持在刀杆上,以提高使用寿命。

常用的硬质合金代号有 P01(YT30)、P01(YT15)、P30(YT5)、K01(YG3X)、K20(YG6)、K30(YG8),其含义参见 GB/T 2075—2007。

3.3.5　车刀安装

(1)刀尖不能伸出刀架过长,一般为车刀刀杆厚度的 2 倍。

(2)锁紧方刀架时,选择不同厚度的刀垫垫在刀杆下面,垫片数量一般只用 2~3 块。

(3)安装后的车刀刀尖必须与工件轴线等高[如图 3.13(a)]。如车刀刀尖高于工件的回转中心[如图 3.13(b)],则会使车刀的实际后角减小,车刀后面与工件之间的摩擦增大;如车刀刀尖低于工件回转中心[如图 3.13(c)],则会使车刀的实际前角减小,切削阻力增大。车刀刀尖没有对准工件的回转中心,在车削端面至中心时会在工件上留有凸头或造成刀尖崩碎。

(4)车刀刀杆中心线必须与工件轴线垂直。即与进给方向垂直或平行,这样才能发挥刀具的切削性能。

(5)夹紧车刀的紧固螺栓一般拧紧两个且轮换逐个拧紧;拧紧后扳手要及时取下,以防发生安全事故。

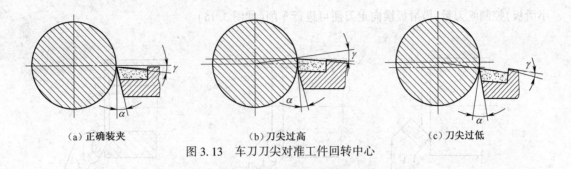

(a) 正确装夹　　　　　　　　(b) 刀尖过高　　　　　　　　(c) 刀尖过低

图 3.13　车刀刀尖对准工件回转中心

3.4　简单外圆零件加工

3.4.1　工件的安装

在车床上装夹工件的基本要求是定位准确、夹紧可靠。定位准确就是工件在机床或夹具中必须有一个正确位置,即车削的回转体表面中心应与车床主轴中心重合。夹紧可靠就是工件夹紧后能承受切削力,不改变定位并保证安全,且夹紧力适度以防工件变形,保证加工工件质量。在车床上常用三爪自定心卡盘、四爪单动卡盘、顶尖、中心架、跟刀架、芯轴、花盘和弯板等附件来装夹工件,在成批大量生产中还可以用专用夹具来装夹工件。

三爪自定心卡盘的结构如图 3.14(a)所示。当用卡盘扳手转动小锥齿轮时,大锥齿轮随之转动,在大锥齿轮背面平面螺纹的作用下,使三个爪同时向中心移动或退出,以夹紧或松开工件。该装夹方式能自动定心,装夹方便,是最常用的装夹方式。装夹直径较小的外圆表面情况如图 3.14(b)所示,装夹直径较大的外圆表面时可用三个反爪进行,如图 3.14(c)所示。

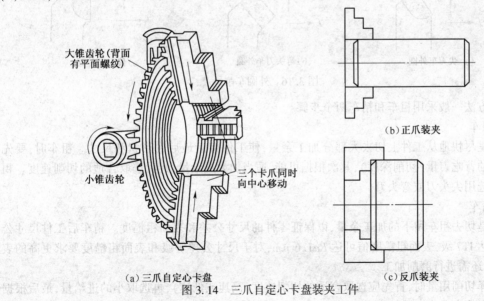

大锥齿轮(背面有平面螺纹)

小锥齿轮

三个卡爪同时向中心移动

(a) 三爪自定心卡盘

(b) 正爪装夹

(c) 反爪装夹

图 3.14　三爪自定心卡盘装夹工件

3.4.2　车端面、外圆和台阶

1. 车端面

对工件端面进行车削的方法称为车端面。车端面采用端面车刀,当工件旋转时,移动床鞍(或小滑板)控制吃刀量,横滑板横向走刀便可进行车削(如图 3.15)。

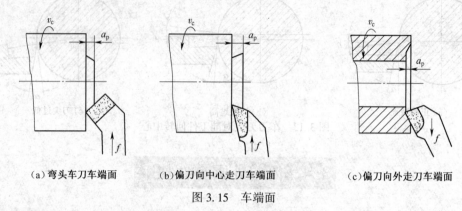

(a)弯头车刀车端面　　　　(b)偏刀向中心走刀车端面　　　　(c)偏刀向外走刀车端面

图 3.15　车端面

车端面时应注意:刀尖要对准工件中心,以免车出的端面留下小凸台。由于车削时被切部分直径不断变化,从而引起切削速度的变化,所以车大端面时要适当调整转速,使车刀在靠近工件中心处的转速高些,靠近工件外圆处的转速低些。

2. 车外圆

将工件车削成圆柱形外表面的方法称为车外圆,车外圆的几种情况(如图 3.16)。

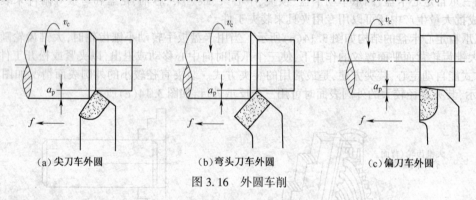

(a)尖刀车外圆　　　　(b)弯头刀车外圆　　　　(c)偏刀车外圆

图 3.16　外圆车削

车削方法一般采用粗车和精车两个步骤:

(1)粗车

目的是尽快地从工件上切去大部分加工余量,使工件接近最后的形状和尺寸。粗车时,要先选用较大的背吃刀量(切削深度),其次根据可能,适当加大进给量,最后选取合适的切削速度。粗车刀一般选用尖头刀或弯头刀。

(2)精车

目的是切去粗车留下的加工余量,以保证零件的尺寸公差和表面粗糙度。精车后工件尺寸公差等级可达 IT7 级,表面粗糙度值可达 $Ra1.6\ \mu m$,对于尺寸公差等级和表面粗糙度要求更高的表面,精车后还需进行磨削加工。

在选择切削用量时,首先应选取合适的切削速度(高速或低速),再选取小的进给量,最后根据工件尺寸来确定背吃刀量。

3. 车台阶

车削台阶处外圆和端面的方法称为车台阶。车台阶常用主偏角 $\kappa_r \geqslant 90°$ 的偏刀车削,在车削外圆的同时车出台阶端面。台阶高度小于 5 mm 时可用一次走刀切出,高度大于 5 mm 的台阶可用分层法多次走刀后再横向切出(如图 3.17)。

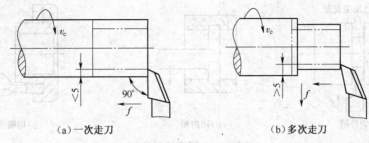

(a)一次走刀　　　　　　　　　　(b)多次走刀

图 3.17　车台阶

　　实际加工中,通常选用 90°外圆车刀(偏刀)。车刀的装夹应根据粗车、精车和余量的多少来调整。粗车时,余量多,为了增大切削深度和减少刀尖的压力,车刀装夹时,实际主偏角以小于 90°为宜(一般 $\kappa_r = 85° \sim 90°$);精车时,为了保证台阶平面与工件轴线的垂直,车刀装夹时,实际主偏角应大于 90°(一般 κ_r 为 93°左右)(如图 3.18)。

　　台阶长度的控制和测量方法(如图 3.19)。

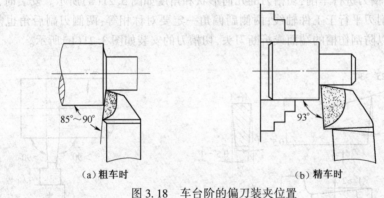

(a)粗车时　　　　　　　　　　(b)精车时

图 3.18　车台阶的偏刀装夹位置

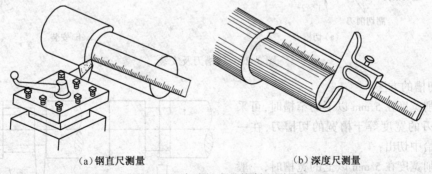

(a)钢直尺测量　　　　　　　　(b)深度尺测量

图 3.19　台阶长度的控制和测量

3.4.3　切槽和切断

1. 切槽

　　在工件表面上车削沟槽的方法称为切槽。用车削加工的方法所加工出的槽的形状有外槽、内槽和端面槽等(如图 3.20)。

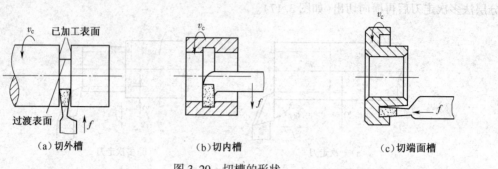

（a）切外槽　　　　　（b）切内槽　　　　　（c）切端面槽

图 3.20　切槽的形状

轴上的外槽和孔的内槽均属退刀槽。退刀槽的作用是车削螺纹或进行磨削时便于退刀，否则该工件将无法加工，同时，在轴上或孔内装配其他零件时，也便于确定其轴向位置。端面槽的主要作用是为了减轻重量，其中有些槽还可以卡上弹簧或装上垫圈等，其作用要根据零件的结构和使用要求而定。

（1）切槽刀的角度及安装

轴上槽要用切槽刀进行车削，切槽刀的几何形状和角度如图 3.21（a）所示。安装时，刀尖要对准工件轴线；主切削刃平行于工件轴线；两侧副偏角一定要对称相等；两侧刃副后角也需对称，切不可一侧为负值，以防刮伤槽的端面或折断刀头，切槽刀的安装如图 3.21（b）所示。

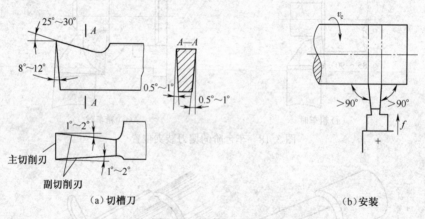

（a）切槽刀　　　　　　　　　　　　（b）安装

图 3.21　切槽刀及安装

（2）切槽的方法

①切削宽度在 5 mm 以下的窄槽时，可采用主切削刃的宽度等于槽宽的切槽刀，在一次横向进给中切出；

②切削宽度在 5 mm 以上的宽槽时，一般采用先分段横向粗车［如图 3.22（a）］，在最后一次横向切削后，再进行纵向精车的加工方法［如图 3.22（b）］。

（3）切槽的尺寸测量

槽的宽度和深度采用钢直尺测量，也可用游标卡尺和千分尺测量。图 3.23 所示为测

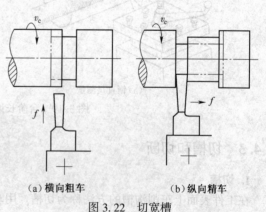

（a）横向粗车　　　　（b）纵向精车

图 3.22　切宽槽

量外槽时的情形。

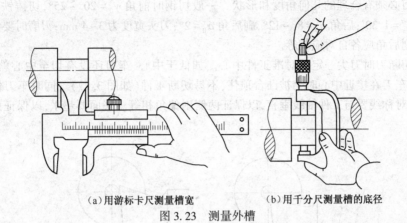

（a）用游标卡尺测量槽宽　　　（b）用千分尺测量槽的底径

图 3.23　测量外槽

2. 切断

把坯料或工件分成两段或若干段的车削方法称为切断。主要用于圆棒料按尺寸要求下料，或把加工完的工件从坯料上切下来（如图 3.24）。

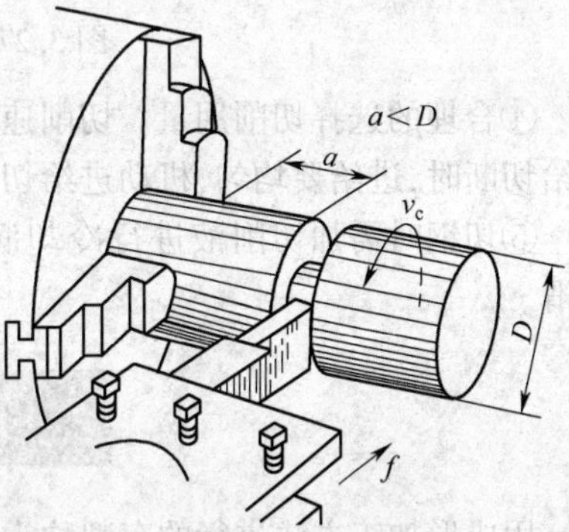

（1）切断刀

切断刀与切槽刀形状相似，不同点是刀头窄而长、容易折断，因此，用切断刀也可以切槽，但不能用切槽刀来切断。

切断时，刀头伸进工件内部，散热条件差，排屑困难，易引起振动，如不注意，刀头就会折断，因此，必须合理地选择切断刀。图 3.25 所示为高速钢切断刀的几何角度。

图 3.24　切断

（2）切断方法

常用的切断方法有直进法和左右借刀法两种（如图 3.26）。直进法常用于切削铸铁等脆性材料，左右借刀法常用于切削钢等塑性材料。

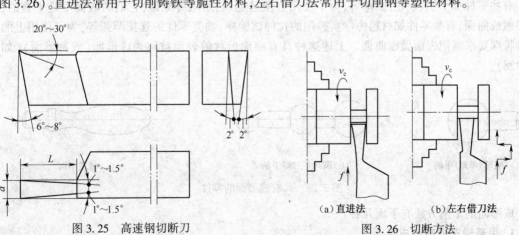

图 3.25　高速钢切断刀

（a）直进法　　　（b）左右借刀法

图 3.26　切断方法

3. 操作注意事项

①工件和车刀的装夹一定要牢固，刀架要锁紧以防松动。切断时，切断处距卡盘应近些，但不

能碰上卡盘,以免切断时因刚性不足而产生振动。

②切断刀必须有合理的几何角度和形状。一般切钢时前角 $\gamma_0 = 20° \sim 25°$,切铸铁时 $\gamma_0 = 5° \sim 10°$;副偏角 $\kappa_r' = 1°30'$;后角 $\alpha_0 = 8° \sim 12°$,副后角 $\alpha_0' = 2°$;刀头宽度为 $3 \sim 4$ mm;刃磨时要特别注意两副偏角及两副后角应各自对应相等。

③安装切断刀时刀尖一定要对准工件中心。如低于中心,车刀还没有切至中心就会被折断,如高于中心,车刀在接近中心时会被凸台顶住,不易切断工件(如图 3.27)。同时车刀伸出刀架不宜太长,车刀对称线要与工件轴线垂直,以保证两侧副偏角相等。底面要垫平,以保证两侧都有一定的副后角。

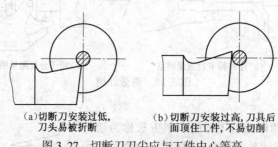

(a)切断刀安装过低,
刀头易被折断

(b)切断刀安装过高,刀具后
面顶住工件,不易切削

图 3.27 切断刀刀尖应与工件中心等高

④合理的选择切削用量。切削速度不宜过高或过低,一般 $v_c = 40 \sim 60$ m/min(外圆处)。手动进给切断时,进给要均匀,机动进给切断时,进给量 $f = 0.05 \sim 0.15$ mm/r。

⑤切钢时需加切削液进行冷却润滑,切铸铁时不加切削液,但必要时应使用煤油进行冷却润滑。

3.5 车 成 形 面

用成形加工方法进行的车削称为车成形面。

3.5.1 成形面的用途与车削方法

有些零件如手柄、手轮、圆球等,为了使用方便且美观、耐用等原因,它们的表面不是平直的,而要做成曲面;有些零件如材料力学实验用的拉伸试验棒、轴类零件的连接圆弧等,为了使用上的某种特殊要求需把表面做成曲面。上述这种具有曲面形状的表面被称为成形面(或特形面)(如图3.28)。

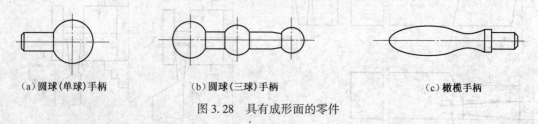

(a)圆球(单球)手柄 (b)圆球(三球)手柄 (c)橄榄手柄

图 3.28 具有成形面的零件

成形面的车削方法有下面几种:

1. 用普通车刀车削成形面

该方法也称为双手控制法,它是靠双手同时摇动纵向和横向进给手柄进行车削的,以使刀尖的运动轨迹符合工件的曲面形状(如图 3.29)。

车削时所用的刀具是普通车刀,还要用样板对工件反复度量,最后用锉刀和砂布修整,使工件达到尺寸公差和表面粗糙度的要求。这种方法要求操作者具有较高技术,但不需特殊工具和设备,在生产中被普遍采用。这种方法多用于单件小批生产,其加工方法如图 3.30 所示。

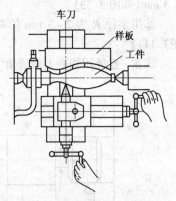

图 3.29　双手控制法车成形面

(1)圆球部分长度计算　单球手柄(如图 3.31)的圆球部分长度 L 按式(3.3)计算

$$L = \frac{1}{2}(D + \sqrt{D^2 - d^2})　　　　(3.3)$$

式中:L——圆球部分的长度,mm;

　　　D——圆球的直径,mm;

　　　d——柄部直径,mm。

(a)粗车台阶

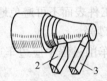

(b)用双手控制粗、精车轮廓

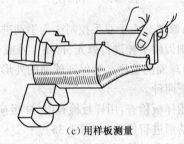

(c)用样板测量

图 3.30　普通车刀车成形面
1—尖刀;2—偏刀;3—圆弧刀

(2)车刀移动速度分析　双手控制法车圆球时,车刀刀尖在圆球各不同位置处的纵、横向进给速度是不相同的(如图 3.32)。车刀从 a 点出发至 c 点,纵向进给速度由快→中→慢;横向进给速度则由慢→中→快。也就是在车削 a 点时,中滑板的横向进给速度要比床鞍(或小滑板)的纵向进给速度慢;在车削 b 点时,横向与纵向进给速度基本相等;在车削 c 点时,横向进给速度要比纵向进给速度快。

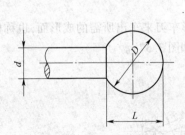

图 3.31　单球手柄计算

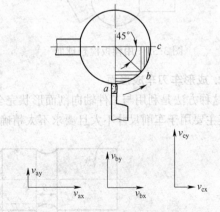

图 3.32　车刀纵、横向移动速度的变化

(3)单球手柄车削

①先车圆球直径 D 和柄部直径 d,以及根据式 3.4 计算所得圆球部分长度 L,留精车余量0.2~

0.3 mm(如图3.33)。

②用半径 R 为 2～3 mm 的圆头车刀从 a 点向左(c 点)、右(b 点)方向逐步把余量车去(如图3.34)。

③在 c 点处用切断刀修清角。

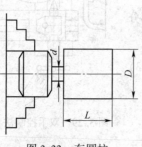

图 3.33　车圆柱

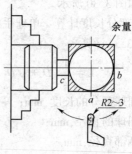

图 3.34　车圆球

(4)修整　由于双手控制法为手动进给车削,工件表面不可避免地留下高低不平的刀痕,所以必须用细齿纹平锉进行修光,再用 1 号或 0 号砂布砂光。

(5)球面的检测。为保证球面的外形正确,在车削过程中应边车边检测。检测球面的常用方法有如下两种。

①用样板检查:用样板检查时,样板应对准工件中心,观察样板与工件之间间隙的大小,并根据间隙情形进行修整(如图3.35)。

②用千分尺检测:用千分尺检测时,千分尺测微螺杆轴线应通过工件球面中心,并应多次变换测量方向,根据测量结果进行修整。合格的球面,各测量方向所测得的量值应在图样规定的范围内(如图3.36)。

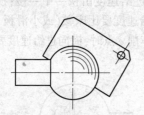

图 3.35　用样板检查球面

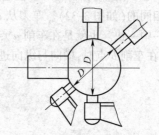

图 3.36　用千分尺检测球面

2. 成形车刀车成形面

这种方法是利用与工件轴向剖面形状完全相同的成形车刀来车出所需的成形面,也称样板刀法,其主要用于车削尺寸不大且要求不太精确的成形面(如图3.37)。

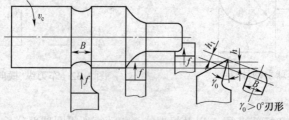

图 3.37　成形车刀车成形面

3. 靠模法车成形面

它是利用刀尖的运动轨迹与靠模(板或槽)的形状完全相同的方法车出成形面。图 3.38 所示为加工手柄的成形面的工作过程,即横滑板(中滑板)已经与丝杠脱开,由于其前端的拉杆上装有滚柱,所以当床鞍纵向走刀时,滚柱即在靠模的曲线槽内移动,从而使车刀刀尖的运动轨迹与曲线槽形状相同,在此同时用小滑板控制背吃刀量,即可车出手柄的成形面。这种方法操作简单,生产率高,多用于大批量生产。当靠模为斜槽时,该方法可用于车削锥体。

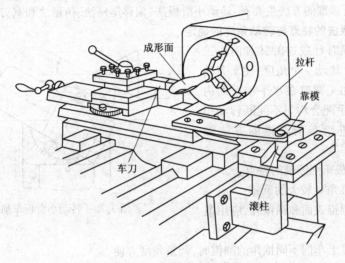

图 3.38　靠模法车成形面

3.5.2　车成形面所用的车刀

用普通车刀车成形面时,粗车刀的几何角度与普通车刀完全相同。精车刀是圆弧车刀,主切削刃是圆弧刃,半径应小于成形面的圆弧半径,所以圆弧刃上各点的偏角是变化的,其后面也是圆弧面,主切削刃上各点后角不宜磨成相等的角度,一般 $\alpha_0 = 6° \sim 12°$。由于切削刃是弧刃,切削时接触面积大,易产生振动,所以要磨出一定的前角,一般 $\gamma_0 = 10° \sim 15°$,以改善切削条件。

用成形车刀车成形面时,粗车也采用普通车刀车削,形状接近成形面后,再用成形车刀精车。刃磨成形车刀时,用样板校正其刃形。当刀具前角 $\gamma_0 = 0°$ 时,样板的形状与工件轴向剖面形状一致;当 $\gamma_0 > 0°$ 时,样板的形状不是工件轴向剖面形状,随着前角的变化其样板的形状也变化。因此,在单件小批生产中,为了便于刀具的刃磨和样板的制造,防止产生加工误差,常选用 $\gamma_0 = 0°$ 的成形车刀进行车削,而在大批量生产中,为了提高生产率和防止产生加工误差,需用专门设计 $\gamma_0 > 0°$ 的成形车刀进行车削。

3.6　车削圆锥

3.6.1　圆锥的种类及作用

圆锥按其用途分为一般用途圆锥和特殊用途圆锥两类。一般用途圆锥的圆锥角 α 较大时,圆锥角可直接用角度表示,如 30°、45°、60°、90° 等;圆锥角较小时用锥度 C 表示,如 1:5、1:10、1:20、1:50 等。特殊用途圆锥是根据某种要求专门制订的,如 7:24、莫氏锥度等。圆锥按其形状又分为内、外圆锥。将工件车削成圆锥表面的方法称为车圆锥面,这里主要介绍车削外圆锥面的方法。

圆锥面配合不但拆卸方便,还可以传递扭矩,经多次拆卸仍能保证准确的定心作用,所以应用很广。例如,顶尖和中心孔的配合圆锥角 $\alpha=60°$,易拆卸零件的锥面锥度 $C=1:5$,工具尾柄锥面锥度 $C=1:20$,机床主轴锥孔锥度 $C=7:24$,特殊用途圆锥应用于纺织、医疗行业等。

3.6.2 车削圆锥的方法

在车床上车削圆锥的方法主要有:转动小滑板法、偏移尾座法、仿形法和宽刃刀车削法四种。

1. 转动小滑板法的特点与转动角度的确定

将小滑板沿顺时针或逆时针方向按工件的圆锥半角 $\alpha/2$ 转动一个角度,使车刀的运动轨迹与所需加工圆锥在水平轴平面内的素线平行,用双手配合均匀不间断转动小滑板手柄,手动进给车削圆锥的方法如图3.39所示。

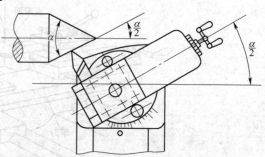

图 3.39　转动小滑板车削圆锥

(1)转动小滑板车削圆锥的特点:

① 能车削圆锥角 α 较大的圆锥;

② 能车削整圆锥表面和圆锥孔,应用范围广,且操作简单;

③ 在同一工件上车削不同锥角的圆锥时,调整角度方便;

④ 只能手动进给,劳动强度大,工件表面粗糙度值较难控制,只适用于单件、小批量生产;

⑤ 受小滑板行程的限制,只能车削较短的圆锥。

(2)小滑板法转动角度的确定:小滑板转动的角度,根据被加工工件的已知条件(如图3.40),可由式(3.4)计算求得。

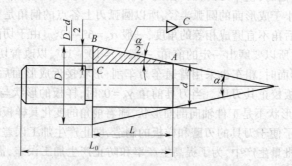

图 3.40　圆锥的计算

$$\tan\frac{\alpha}{2} = \frac{1}{2}C = \frac{D-d}{2L} \tag{3.4}$$

式中:$\alpha/2$ ——圆锥半角(即小滑板转动角度,°);

　　　C ——锥度($\tan\alpha/2$ 为圆锥斜度,以 S 表示);

　　　D ——圆锥大端直径,mm;

　　　d ——圆锥小端直径,mm;

　　　L ——圆锥大端直径与小端直径处的轴向距离,mm。

车削常用的标准锥度(一般用途和特殊用途)圆锥时,小滑板转动角度参见表3.1和表3.2。

表 3.1 车削一般用途圆锥时小滑板转动角度

基本值	锥度 C	小滑板转动角度	基本值	锥度 C	小滑板转动角度
120°	1:0.289	60°	1:8	—	3°34′35″
90°	1:0.500	45°	1:10	—	2°51′45″
75°	1:0.652	37°30′	1:12	—	2°23′09″
60°	1:0.866	30°	1:15	—	1°54′33″
45°	1:1.207	22°30′	1:20	—	1°25′56″
30°	1:1.866	15°	1:30	—	0°57′17″
1:3	—	9°27′44″	1:50	—	0°34′23″
1:5	—	5°42′38″	1:100	—	0°17′11″
1:7	—	4°05′08″	1:200	—	0°08′36″

表 3.2 车削特殊用途圆锥时小滑板转动角度

基本体	锥度 C	小滑板转动角度	备 注
7:24	1:3.429	8°17′50″	机床主轴、工具配合
1:19.002	—	1°30′26″	莫氏锥度 No.5
1:19.180	—	1°29′36″	莫氏锥度 No.6
1:19.212	—	1°29′27″	莫氏锥度 No.0
1:19.254	—	1°29′15″	莫氏锥度 No.4
1:19.922	—	1°26′16″	莫氏锥度 No.3
1:20.020	—	1°25′50″	莫氏锥度 No.2
1:20.047	—	1°25′43″	莫氏锥度 No.1

2. 外圆锥面的车削方法

(1)车刀的装夹:车刀的装夹方法及车刀刀尖对准工件回转中心的方法与车端面时装刀方法相同。车刀的刀尖必须严格对准工件的回转中心,否则车出的圆锥素线不是直线,而是双曲线。

(2)转动小滑板的方法:用扳手将小滑板下面转盘上的两个螺母松开,按工件上外圆锥面的倒、顺方向确定小滑板的转动方向;根据确定的转动角度($\alpha/2$)和转动方向转动小滑板至所需位置,使小滑板基准零线与圆锥半角 $\alpha/2$ 刻线对齐,然后锁紧转盘上的螺母。

①车削正外圆锥(又称顺锥)面,即圆锥大端靠近主轴、小端靠近尾座方向,小滑板应逆时针方向转动(如图 3.41);

②车削反外圆锥(又称倒锥)面,小滑板则应顺时针方向转动。

当圆锥半角 $\alpha/2$ 不是整数值时,其小数部分用目测的方法估计,大致对准后再通过试车逐步找正。

注意:转动小滑板时,可以使小滑板转角略大于圆锥半角 $\alpha/2$,但不能小于 $\alpha/2$。转角偏小会使圆锥素线车长而难以修正圆锥长度尺寸(如图 3.42)。

(3)小滑板镶条的调整:车削外圆锥面前,应检查和调整小滑板导轨与镶条间的配合间隙。配合间隙调得过紧,手动进给费力,小滑板移动不均匀;配合间隙调得过松,则小滑板间隙太大,车削时刀纹时深时浅。配合间隙调整应合适,过紧或过松都会使车出的锥面表面粗糙度值增大,且圆锥的素线不直。

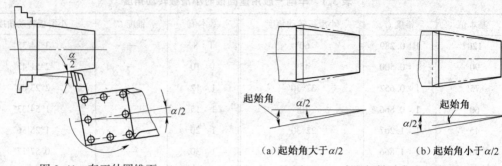

图 3.41　车正外圆锥面　　　　　　图 3.42　小滑板转动角度的影响

（a）起始角大于α/2　　　　　（b）起始角小于α/2

（4）粗、精车外圆锥面：

①按圆锥大端直径（增加 1mm 余量）和圆锥长度将圆锥部分先车成圆柱体；

②移动中、小滑板，使车刀刀尖与轴端外圆面轻轻接触［如图 3.43（a）］。然后将小滑板向后退出，中滑板刻度调至零位，作为粗车外圆锥面的起始位置；

③按刻度移动中滑板，向前进给并调整吃刀量，开动车床，双手交替转动小滑板手柄，手动进给速度应保持均匀一致和不间断［如图 3.43（b）］。当车至终端，将中滑板退出，小滑板快速后退复位；

④反复步骤 3，调整吃刀量、手动进给车削外圆锥面，直至工件能塞入套规约 1/2 为止；

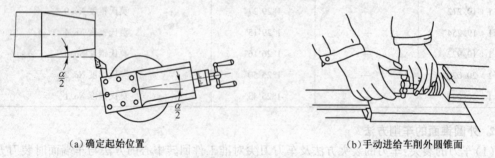

（a）确定起始位置　　　　　　　　　（b）手动进给车削外圆锥面

图 3.43　车外圆锥面

⑤检测圆锥锥角，找正小滑板转角。以下为三种常用的检测圆锥锥角的方法：

a. 用套规检测圆锥锥角　将套规轻轻套在工件上，用手捏住套规左、右两端分别上下摆动［如图 3.44（a）］，应均无间隙。若大端有间隙［如图 3.44（b）］，说明圆锥锥角太小；若小端有间隙［如图 3.44（c）］，说明圆锥锥角太大。这时可松开转盘螺母，按需用铜锤轻轻敲动小滑板使其微量转动，然后拧紧螺母。试车后再检测，直至找正为止。

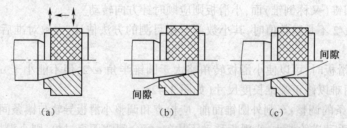

（a）　　　　　　（b）　　　　　　（c）

图 3.44　用套规检测圆锥锥角，找正小滑板转角

b. 用万能角度尺检测圆锥锥角。将万能角度尺调整到要测的角度，基尺通过工件中心靠在端

面上,刀口尺靠在圆锥面素线上,用透光法检测(如图3.45)。

c. 用角度样板透光检测圆锥锥角(如图3.46)

角度样板属于专用量具,用于成批和大量生产。用角度样板检测快捷方便,但精度较低,且不能测得实际的角度值。

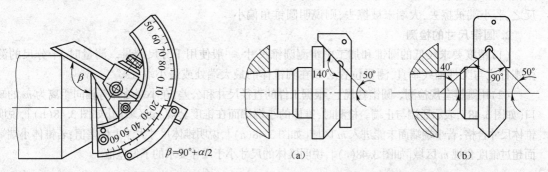

图3.45 用万能角度尺透光法检测锥角　　　图3.46 用角度样板检测锥齿轮坯角度

⑥找正小滑板转角后,粗车圆锥面,留精车余量0.5~1 mm,精车外圆锥面。小滑板转角调整准确后,精车外圆锥面主要是提高工件的表面质量和控制外圆锥面的尺寸精度。因此精车外圆锥面时,车刀必须锋利、耐磨,进给必须均匀、连续。

3.6.3 外圆锥面的检测

圆锥的检测主要指圆锥角度和尺寸精度检测。常用万能角度尺、角度样板检测圆锥角度和采用正弦规或涂色法来评定圆锥精度。

1. 涂色法检测

标准圆锥或配合精度要求较高的外圆锥工件,可使用圆锥套规[如图3.47(a)]检测。被检测工件的外圆锥表面粗糙度值应小于 $Ra3.2\ \mu m$,且无毛刺。检测时要求工件与套规表面清洁。方法是:

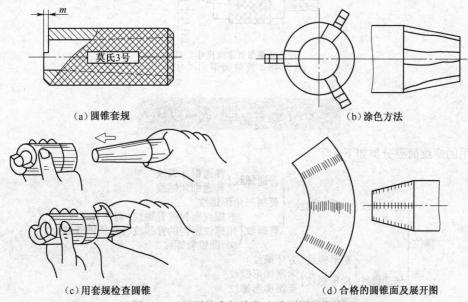

(a)圆锥套规　　　　　　　　　　　(b)涂色方法

(c)用套规检查圆锥　　　　　　　　(d)合格的圆锥面及展开图

图3.47 用圆锥套规涂色法检测圆锥角度

① 在工件表面顺着圆锥素线薄而均匀地涂上周向均布的三条显示剂[如图 3.47(b)]；

② 将圆锥套规轻轻套在工件上，稍加轴向推力，并将套规转动 1/3 圈[如图 3.47(c)]；

③ 取下套规，观察工件表面显示剂被擦去的情况。若三条显示剂全长擦痕均匀，表明圆锥接触良好，锥度正确[如图 3.47(d)]。如圆锥大端显示剂被擦去，小端未被擦去，说明圆锥角偏大；反之，若小端被擦去，大端未被擦去，则说明圆锥角偏小。

2. 圆锥尺寸的检测

（1）精度要求较低的圆锥和加工中粗测圆锥尺寸，一般使用千分尺测量。测量时，千分尺的测微螺杆应与工件轴线垂直，测量位置必须在圆锥体的最大端处或最小端处。

（2）用圆锥套规检测。圆锥套规上，根据工件的直径尺寸和公差，在小端处开有轴向距离为 m 的缺口（如图 3.48），表示通端与止端。检测时，锥体的小端端面在锥度套规 m 区域内[如图 3.48(b)]，说明锥体尺寸合格；若小端端面未能进入 m 区域[如图 3.48(a)]，说明锥体尺寸大于上偏差值；若锥体小端端面超过锥度套规 m 区域[如图 3.48(c)]，说明锥体的尺寸小于尺寸要求的下偏差值。

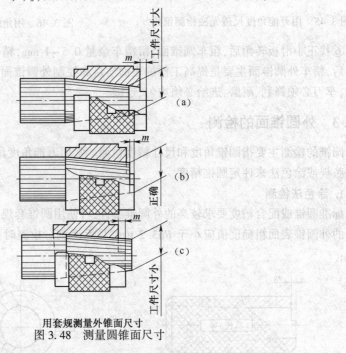

用套规测量外锥面尺寸

图 3.48　测量圆锥面尺寸

3.7　车 削 螺 纹

常用的螺纹简要分类如下：

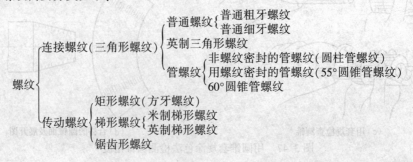

3.7.1 普通螺纹车刀几何角度

螺纹车刀按加工性质属于成形刀具,其切削部分的几何形状应当和螺纹牙型(即在通过螺纹轴线的剖面上,螺纹的轮廓形状)相符合,即车刀的刀尖角应等于螺纹牙型角 α,车刀的几何角度如图 3.49 所示。

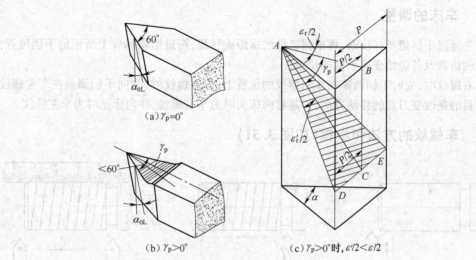

(a) $\gamma_p = 0°$

(b) $\gamma_p > 0°$

(c) $\gamma_p > 0°$ 时,$\varepsilon_r'/2 < \varepsilon/2$

图 3.49 螺纹车刀的几何角度

(1)刀尖角 ε_r 等于牙型角 α:车普通螺纹时,$\varepsilon_r = 60°$;车英制螺纹时,$\varepsilon_r = 55°$。

(2)径向前角(即背前角)γ_p 一般为 $0 \sim 15°$:螺纹车刀的径向前角 γ_p 对牙型角有很大影响。粗车时,为了切削顺利,径向前角可取得大一些,$\gamma_p = 5° \sim 15°$;精车时,为了减小对牙型角的影响,径向前角应取得小一些,$\gamma_p = 0° \sim 5°$。

(3)工作后角 α_{0e} 一般取 $3° \sim 5°$:

由于螺纹升角 ψ 会使车刀沿进给方向一侧的工作后角变小,使另一侧的工作后角增大,为避免车刀后面与螺纹牙侧发生干涉,保证切削顺利进行,车刀沿进给方向一侧的后角磨成工作后角加上螺纹升角;为了保证车刀的强度,另一侧的后角则磨成工作后角减去螺纹升角。对于车削右旋螺纹,即 $\alpha_{0L} = (3° \sim 5°) + \psi$;$\alpha_{0R} = (3° \sim 5°) - \psi$。

3.7.2 普通螺纹车刀的安装

装夹外螺纹车刀(如图 3.50):

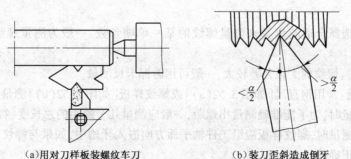

(a)用对刀样板装螺纹车刀

(b)装刀歪斜造成倒牙

图 3.50 螺纹车刀的安装

①刀尖应与车床主轴轴线等高,一般可根据尾座顶尖高度调整和检查;

②车刀的两刀尖半角的对称中心线应与工件轴线垂直,装刀时可用螺纹对刀样板调整[如图 3.50(a)]。如果把车刀装歪,会使车出的螺纹两牙型半角不相等,产生如图 3.50(b)所示的歪斜牙型(俗称倒牙);

③螺纹车刀不宜伸出刀架过长,一般伸出长度为刀柄厚度的 1.5 倍,约为 25~30 mm。

3.7.3　车床的调整

首先通过手柄把丝杠接通,再根据工件的螺距或导程,按进给箱标牌上所示的手柄位置,来变换齿轮的齿数及各进给变速手柄的位置。

车右螺纹时,变向手柄调整在车右螺纹的位置上;车左螺纹时,变向手柄调整在车左螺纹的位置上。目的是改变刀具的移动方向,刀具移向床头时为车右螺纹,移向床尾时为车左螺纹。

3.7.4　车螺纹的方法和步骤(如图 3.51)

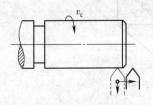

(a)开车,使车刀与工件轻微接触,记下刻度盘读数,向右退出车刀

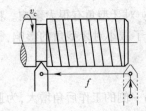

(b)合上开合螺母,在工件表面上车出一条螺旋线,横向退出车刀

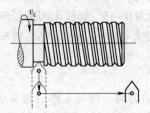

(c)开反车把车刀退到工件右端,停车,用钢直尺检查螺距是否正确

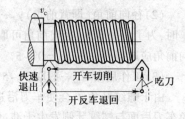

(d)利用刻度盘调整背吃刀量,进行切削

(e)车刀将至行程终了时,应做好退刀停车准备,先快速退出车刀,然后开反车退回刀架

(f)再次横向吃刀,继续切削,其切削过程的路线如图(f)所示

图 3.51　车退回刀架

3.7.5　普通外螺纹的测量

1. 单项测量

单项测量是选择合适的量具来测量螺纹的某一单项参数,一般为测量螺纹的大径、螺距和中径。

(1)大径测量:螺纹的大径公差较大,一般可用游标卡尺测量。

(2)螺距测量:常用钢直尺[如图 3.52(a)]或螺纹样板[如图 3.52(b)]测量。

用钢直尺测量时,为了能准确测量出螺距,一般应测量几个螺距的总长度,然后取其平均值。

用螺纹样板测量时,螺纹样板应沿工件轴平面方向嵌入牙槽中,如果与螺纹牙槽完全吻合,说明被测量螺距是正确的。

(3)中径测量:普通外螺纹的中径一般用螺纹千分尺测量(如图 3.53)。螺纹千分尺有两个可

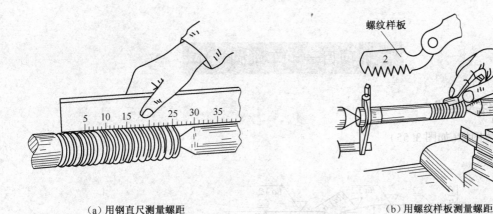

（a）用钢直尺测量螺距　　　　图 3.52　螺距测量　　　　（b）用螺纹样板测量螺距

以调整的测量头（上、下测量头）。测量时，两个与螺纹牙型角相同的测量头正好卡在螺纹的牙型面上，测得的千分尺读数值即为螺纹中径的实际尺寸。

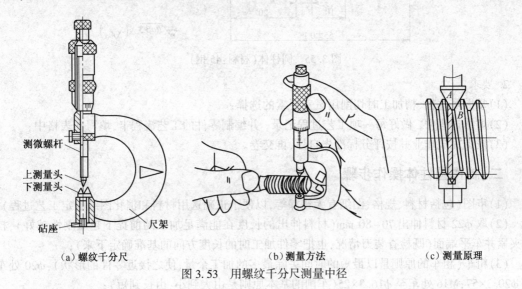

（a）螺纹千分尺　　　　　　（b）测量方法　　　　　　（c）测量原理

图 3.53　用螺纹千分尺测量中径

2. 综合测量

综合测量是采用螺纹量规对螺纹各部分主要尺寸（螺纹大径、中径、螺距等）同时进行综合测量的一种检验方法。综合测量效率高，使用方便，能较好地保证互换性，广泛地应用于对标准螺纹或大批量生产螺纹的测量。

普通外螺纹使用螺纹环规（如图 3.54）进行综合测量。测量前，应先检查螺纹的大径、牙型、螺距和表面粗糙度，然后用螺纹环规测量。如果螺纹环规通规能顺利拧入工件螺纹

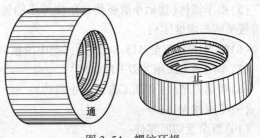

图 3.54　螺纹环规

（有效长度范围），而止规不能拧入，则说明螺纹精度符合要求。

螺纹环规是精密量具，不允许强拧环规，以免引起严重磨损，降低环规测量精度。

对于精度要求不高的螺纹，可以用标准螺母来检测，以拧入时是否顺利和松紧的程度来确定

是否合格。

实训项目一　车削圆柱体

一、工件及要求

1. 圆柱体图样(如图 3.55)

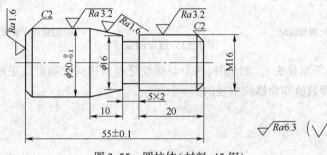

图 3.55　圆柱体(材料:45 钢)

2. 要求:

(1)掌握零件粗、精加工时切削用量三要素的选择;

(2)训练过程中,做好每一项工艺过程记录,并编制零件的工艺流程卡,填写在表格中;

(3)按图完成作业并按评分标准先自评,再交卷。

二、制作圆柱体操作步骤

(1)审图(包括材料、规格、图纸有无错漏等,以便于正确选用材料和消化图纸确定工艺过程);

(2)取 $\phi22$ 材料伸出 70~80 mm(材料伸出的长度在能满足加工的前提下越短刚性越好),校正夹紧并车平端面(既检查装刀情况,也把零件加工时的长度方向的基准确定下来);

(3)粗车(粗车的原则是以最短的时间去除最多的加工余量,使之接近零件的形状):$\phi20$ 处车至 $\phi20.3\times57$;M16 处车至 $\phi16.3\times25$(车削的基本原则是由大到小,由长到短);

(4)精车:$\phi20$ 处精车至图纸要求(尺寸、公差、表面粗糙度等);

(5)粗车锥体(摆动小滑板使之角度等于圆锥体的斜度要求,在 $\phi16.3\times25$ 处开始对刀,转动小滑板手柄车削锥体);

(6)把 M16 处车至 $\phi15.8\times25$ 后,(把中滑板调至 $\phi16\times25$ 处)精车锥体部分;

(7)车倒角 C2(用宽刃刀法车削);

(8)切退刀槽(注意加工方法防止震动);

(9)车螺纹 M16;

(10)留余量切断零件;

(11)调头校正夹紧零件,按图要求控制总长并倒角。

三、圆柱体评分标准（见表 3.3）

表 3.3 圆柱体评分标准

姓名			实训日期		自评总分		教师评分	
序号	检测内容	配分	评分标准	检测量具	自测结果	自测得分	教师评分	
1	$\phi20_{-0.1}^{0}$(1处)	14分	每超差 0.02 扣 2 分, 超差 0.06 扣 4 分, 超差 0.1 扣 6 分, 以外不得分	游标卡尺				
2	$\phi16$	4分	每超差 0.02 扣 2 分, 超差 0.06 扣 4 分, 超差 0.1 扣 6 分, 以外不得分	游标卡尺				
3	M16	12分	螺纹大径超差 0.04 扣 2 分, 超差 0.08 扣 4 分, 以外及牙型角不正确, 不得分。旋合过松（过紧）扣 4 分。	游标卡尺, 螺纹环规				
4	55±0.1	10分	每超差 0.02 扣 2 分, 超差 0.06 扣 4 分, 超差 0.1 扣 6 分, 以外不得分	游标卡尺				
5	5×2(1处)	5分	每超差 0.05 扣 2 分, 超差 0.1 扣 3 分, 以外不得分	游标卡尺				
6	20	5分	每超差 0.06 扣 2 分, 超差 0.1 扣 3 分, 以外不得分	游标卡尺				
7	10	5分	每超差 0.06 扣 2 分, 超差 0.1 扣 3 分, 以外不得分	游标卡尺				
8	表面粗糙度	5分	每处降一级, 扣 1 分, 扣完为止。	粗糙度对照样板				
9	倒角 C2(2处)	5分	每处角度不正确扣 2 分, 超差扣 3 分, 扣完为止。	游标卡尺				
10	劳动安全文明生产纪律	15分	每迟到早退一次扣 2 分, 工量具摆放差扣 3 分, 设备保养及环境卫生差扣 3 分, 违反操作规程扣 4 分, 严重违纪或出现安全事故取消考试资格。					
11	实训报告	20分	按工艺分析水平及写作水平评分					

实训项目二　车削综合体

一、工件及要求

1. 综合件图样(如图 3.56):

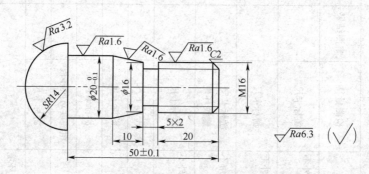

图 3.56　综合件(材料:45 钢)

2. 要求:

(1)M16 螺纹能与螺母配合,螺纹各参数附合标准要求;

(2)半圆球用 R 规检验;

(3)训练过程中,做好每一项工艺过程纪录,并编制零件的工艺流程卡及切削用量三要素的选择,填写在表格中;

(4)按图完成作业并按评分标准先自评,再交卷。

二、制作综合件操作步骤

(1)审图(包括材料、规格、图纸有无错漏等,以便于正确选用材料和消化图纸确定工艺过程);

(2)取 $\phi30$ 材料伸出 80~85mm(材料伸出的长度在能满足加工的前提下越短刚性越好),校正夹紧并车平端面(既检查装刀情况,也把零件加工时的长度方向的基准确定下来);

(3)粗车(粗车的原则是以最短的时间去除最多的加工余量,使之接近零件的形状):SR14 处车至 $\phi28.3\times71$;$\phi20$ 处车至 $\phi20.3\times52$;M16 处车至 $\phi16.3\times25$(车削的基本原则是由大到小,由长到短);

(4)精车:$\phi20$ 处精车至图纸要求(尺寸、公差、表面粗糙度等);

(5)粗车锥体(摆动小滑板使之角度等于圆锥体的斜度要求,在 $\phi16.3\times25$ 处开始对刀,转动小滑板手柄车削锥体);

(6)把 M16 处车至 $\phi15.8\times25$ 后,把中滑板调至 $\phi16\times25$ 处,接着精车锥体部分;

(7)车倒角 C2(用宽刃刀法车削);

(8)切退刀槽(注意加工方法防止震动);

(9)车螺纹 M16;

(10)留余量切断零件;

(11)调头校正夹紧零件,并按图纸要求控制总长;

(12)加工 SR14 半球部分至图纸要求。

三、综合件评分标准（见表 3.4）

表 3.4　综合件评分标准

姓名		学号		实训日期		自评总分			教师评分	
序号	检测内容	配分	评分标准	检测量具	实测结果				扣分	得分
1	$\phi20^{\ 0}_{-0.1}$（1 处）	10 分	每超差 0.02 扣 2 分，超差 0.06 扣 4 分，超差 0.1 扣 6 分，以外不得分	游标卡尺						
2	$\phi16$	4 分	每超差 0.02 扣 2 分，超差 0.06 扣 4 分，超差 0.1 扣 6 分，以外不得分	游标卡尺						
3	M16	8 分	螺纹大径超差 0.04 扣 2 分，超差 0.08 扣 4 分，以外及牙型角不正确，不得分。旋合过松（过紧）扣 4 分。	游标卡尺，螺纹环规						
4	SR14	10 分	球面处与 R 规吻合面积每超 1/3 扣 2 分，扣完为止。	R 规						
5	55±0.1	8 分	每超差 0.02 扣 2 分，超差 0.06 扣 4 分，超差 0.1 扣 6 分，以外不得分	游标卡尺						
6	5×2（1 处）	5 分	超差 0.05 扣 2 分，超差 0.1 扣 3 分，以外不得分	游标卡尺						
7	20	5 分	超差 0.06 扣 2 分，超差 0.1 扣 3 分，以外不得分	游标卡尺						
8	10	5 分	超差 0.06 扣 2 分，超差 0.1 扣 3 分，以外不得分	游标卡尺						
9	表面粗糙度	5 分	每处降一级，扣 1 分，扣完为止。	粗糙度对照样板						
10	倒角 C2	5 分	每处角度不正确，超差扣 3 分，扣完为止。	游标卡尺						
11	劳动安全文明生产纪律	15 分	每迟到早退一次扣 2 分，工量具摆放差扣 3 分，设备保养及环境卫生差扣 3 分，违反操作规程扣 4 分，严重违纪或出现安全事故取消考试资格。							
12	实训报告	20 分	按工艺分析水平及写作水平评分							

第4章 铣削加工

【目的和要求】

1. 掌握铣床的种类、主要组成及使用特点;了解铣床常用刀具和附件的大致结构与用途。

2. 了解铣削加工的工艺特点及加工范围。

3. 熟悉铣削的加工方法和测量方法,了解用分度头进行简单分度的方法以及铣削加工所能达到的尺寸精度、表面粗糙度值范围。

4. 在铣床上能正确安装工件、刀具,能完成铣平面、铣沟槽以及用简单分度进行的加工。

【安全操作规程】

1. 上岗前穿戴好劳动保护用品,长发操作者戴好工作帽,不准穿背心、拖鞋、凉鞋和裙子进入实训区,严禁戴手套操作。高速铣削或刃磨刀具时应戴防护镜。

2. 操作前,对机床各滑动部分注润滑油,检查机床各手柄是否放在规定位置上。检查各进给方向,自动停止挡是否紧固在最大行程以内。起动机床检查主轴和进给系统工作是否正常,油路是否畅通,并低速试运行 1~2 min。检查夹具、工件是否装夹牢固。

3. 装卸工件、更换铣刀、测量、变速、清洁机床,必须在机床停稳后进行。

4. 在进给中不准抚摸工件加工表面,以免被铣刀切伤手指。

5. 操作时不要站立在铁屑流出的方向,以免铁屑飞入眼中。

6. 要用专用工具清除铁屑,不准用嘴吹、用手抓或用棉纱清扫。

7. 高速铣削或冲注切削液时,应加放挡板,以防铁屑飞出及切削液外溢。

8. 工具与量具应分类整齐地安放在工具车上。工作台上禁止放置工量具、工件及其他杂物。

9. 工作时要集中思想,不得擅自离开机床。离开机床前,要切断电源。

10. 操作中如果发生事故,应立即停机,切断电源,保护现场。

11. 实训完毕应关闭电源,清扫机床和地面,保证机床整洁,地上无油污、积水、积油,并将手柄置于空位,工作台移至正中。

4.1 铣削加工概述

在铣床上用旋转的铣刀切削工件上各种表面或沟槽的方法称为铣削,铣削是金属切削加工中常用的方法之一。铣削时,铣刀作旋转的主运动,工件作直线或曲线的进给运动。铣削加工的公差等级一般为 IT9~IT7 级,表面粗糙度值 $Ra6.3~1.6~\mu m$。

4.1.1 铣削加工的特点

铣削时,由于铣刀是旋转的多齿刀具,刀齿能实现轮换切削,因而刀具的散热条件好,可以提高切削速度;此外由于铣刀的主运动是旋转运动,故可提高铣削用量和生产率;但另一方面由于铣刀刀齿的不断切入和切出,使切削力不断的变化,因此易产生冲击和振动;铣刀的种类很多,铣削的加工范围也很广。

4.1.2 铣削加工的范围

铣削主要用于加工平面,如水平面,垂直面、台阶面及各种沟槽表面和成形面等。另外也可以利用万能分度头进行分度件的铣削加工,也可以对工件上的孔进行钻削或铣削加工。常见的铣削加工方法如图4.1所示。

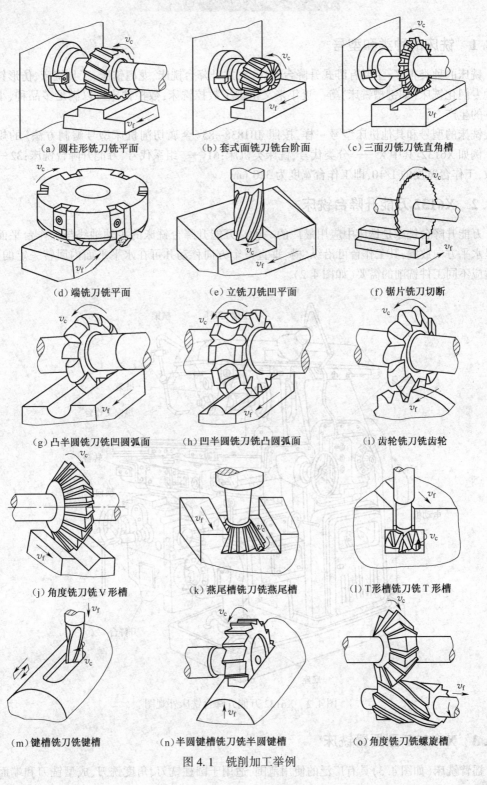

(a) 圆柱形铣刀铣平面　　　(b) 套式面铣刀铣台阶面　　　(c) 三面刃铣刀铣直角槽

(d) 端铣刀铣平面　　　(e) 立铣刀铣凹平面　　　(f) 锯片铣刀切断

(g) 凸半圆铣刀铣凹圆弧面　　　(h) 凹半圆铣刀铣凸圆弧面　　　(i) 齿轮铣刀铣齿轮

(j) 角度铣刀铣 V 形槽　　　(k) 燕尾槽铣刀铣燕尾槽　　　(l) T 形槽铣刀铣 T 形槽

(m) 键槽铣刀铣键槽　　　(n) 半圆键槽铣刀铣半圆键槽　　　(o) 角度铣刀铣螺旋槽

图 4.1　铣削加工举例

4.2 铣床及附件

4.2.1 铣床的种类和型号

铣床的种类很多,主要有卧式升降台铣床、立式升降台铣床、龙门铣床、工具铣床、仿形铣床和各种专门化铣床(如键槽铣床)等。近年来又出现了数控铣床,数控铣床可以满足多品种、小批量工件的生产。

铣床的型号和其他机床型号一样,按照 JB1838-85《金属切削机床型号编制方法》的规定表示。例如 X6132:其中 X ——分类代号,铣床类机床;61 ——组系代号,万能升降台铣床;32 ——主参数,工作台宽度的 1/10,即工作台宽度为 320 mm。

4.2.2 X6132 万能升降台铣床

万能升降台铣床是铣床中应用最广的一种。万能升降台铣床的主轴轴线与工作台平面平行且呈水平方向放置,其工作台可沿纵、横、垂直三个方向移动并可在水平平面内回转一定的角度,以适应不同工件铣削的需要(如图 4.2)。

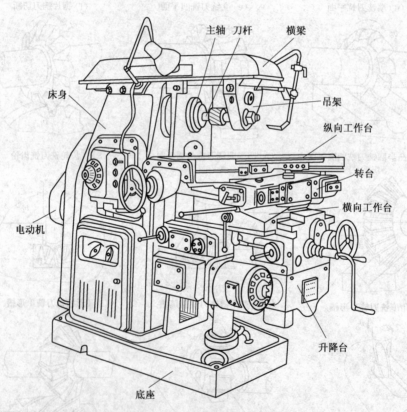

图 4.2 X6132 万能升降台铣床外观图

4.2.3 X5325C 型摇臂铣床

摇臂铣床(如图 4.3)具有广泛的使用范围,适用于圆柱铣刀、角度铣刀、成型铣刀和端面铣刀来铣切各种零件,可完成钻、镗、铰及平面、曲面、特型面、斜面等加工,配置相应附件,可铣削螺旋面、沟槽、齿轮、花键等。内置式冷却系统,X、Y、Z 三向机械式进给,并可快速移动,提高工作效率。

1. 机床特点

(1)机床具有很大的灵活性,铣头装在摇臂上能作左右各 90° 的回转。摇臂不仅能前后移动,且可以在机床顶面作 360° 的水平回转,不仅可以加工任意角度,且极大地扩大了有效工作范围,甚至可以担当摇臂钻床的部分工作。

(2)铣头具有很高的速度和很大的变速范围,可以充分发挥刀具效能。主轴套筒能自动进给、自动停刀,并装有精密的微调限位装置,使深度镗孔时能准确定位。自动进刀机构内设有限力保护装置,在进给力超过允许值时,离合器打滑,实现过载保护。

(3)铣头传动采用三角皮带及同步齿形带,具有传动平稳、噪声低、振动小等优点。另外采用倍轮传动机构,可以避免齿轮副在高速下噪声大的缺点,使整机噪声降到最小程度。

图 4.3　X5325C 摇臂铣床外观图

(4)主轴的支承采用高精度滚动轴承,保证了主轴精度,提高了传动效率。

(5)工作台纵、横、垂三向既可手动进给又可机动进给,各导轨及传动丝杆均有良好的润滑条件,各加油点均设在明显处。

(6)机床的重要传动零件均采用合金钢制成,并经特殊处理。容易磨损的零件或部件均采用耐磨材料制成或采取相应的耐磨措施。机床导轨有防屑装置,这些都保证了机床有足够的寿命。

2. 机床结构与性能(如图 4.4)

(1)铣头部分

铣头为一个具有单独动力驱动的独立部件,由变速箱和铣头体两部分组成。电机装在变速箱 25 顶端,铣头本体 23 安装在摇臂前端,通过连接点能实现 ±90° 纵向回转,铣头在其回转范围内任一位置上均可紧固。

①变速传动箱:变速箱右侧装有主轴高低速变换手柄 55,置前位时为主轴高速档(550~4500 r/min);置后位时为主轴低速档(70~540 r/min);中间位置为空档。

由于有反向传动结构,当高低速度变换时,主轴转向同时改变,需通过电机可逆开关换向改变电机旋转方向,保持刀具旋转方向不变。铣头上装有主轴刹车机构,通过扳动制动手柄可松开锁紧,使主轴立即制动;扳动手柄(稍用力,不可太大)后上抬,即可将主轴套筒在行程范围内任意位置上锁定。

②铣头本体:铣头本体内装有主轴套筒 29,操纵手柄 54 可自动或手动进给;变速箱盖上装有套筒机动进给量选择手柄 15,可使主轴得到三种机动进给量;操纵主轴套筒进给方向选择拉手 28,可使换向啮合或断开,断开时,可操纵换向轴端部的手轮 26 使主轴手动微动进给。

主轴套筒进给机构内还有一套安全离合器机构,机动进给时,若进给力超过已调好的负荷力,安全离合器打滑,实现对进给机构的安全保护。轴的右端装有平衡主轴套筒自重用的螺旋形平卷簧,防止松开套筒锁紧手柄使主轴套筒自动下滑;平卷簧外的轴颈上装有带离合器的把手 52,用来操纵主轴手动快速进给。

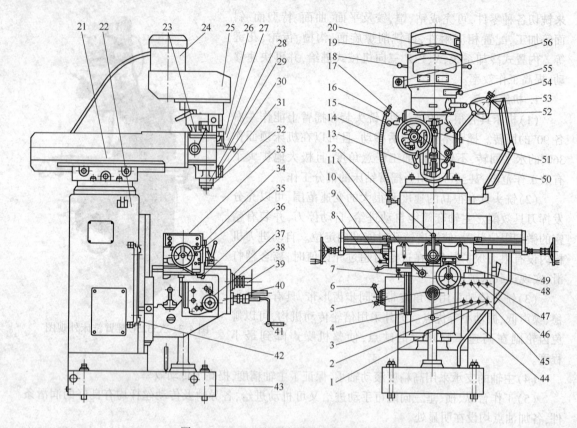

图 4.4 X5325C 摇臂铣床结构及操纵位置图

1—冷却泵按钮;2—快速按钮;3—进给点动按钮;4—进给停止按钮;5—向床柱、升、纵向按钮;6—进给变速手柄;7—工作台横向移动手轮;8—工作台横向移动锁紧手柄;9—手动油泵手柄;10—工作台纵向行程限位块;11—工作台纵向移动锁紧手柄;12— 工作台纵向机动进给换向手柄;13—主轴套筒机动进给控制手柄;14—冷却液管;15—主轴套筒机动进给量选择手柄;16—冷却液流量调节阀;17—主轴套筒锁紧手柄;18—主轴皮带松紧及变速操纵杆;19—主轴刹车及固定杆;20—主轴离合器操纵杆;21—滑枕;22—床柱;23—铣头本体;24—主传动电动机;25—铣头变速传动箱;26—主轴套筒手动微动进给手轮;27—主轴套筒进给限位螺杆;28—主轴套筒进给方向选择拉手;29—主轴套筒;30—主轴套筒进给限位微调螺母;31—主轴套筒进给限位锁紧螺母;32—主轴;33—工作台;34—滑鞍;35—工作台纵向移动手轮;36—工作台横向行程限位块;37—工作台横向及垂向进给转换手轮;38—进给变速箱;39—横向垂直操纵箱;40—升降台;41—工作台升降手柄;42—工作台升降行程限位块;43—底座;44—电气箱;45—离床柱、降按钮;46—电源指示灯按钮;47—急停按钮;48—升降台锁紧手柄;49—电源总开关;50—主轴套筒进给量游标尺;51—主轴套筒进给行程定位块;52—主轴套筒手动快速移动把手;53—工作灯;54—主轴套筒机动进给啮合手柄;55—主轴转速调节手柄;56—主轴电机开关

在铣头本体的前面装有一套预调加工尺寸的机构和套筒进给限位机构及一套主轴机动进给控制机构。当主轴套筒机动进给控制手柄 13 向左扳时,套筒实现机动进给,并实现安全离合器的锁住。套筒向下机动进给时,通过撞块 51、螺母 30、螺杆 27 等使结合的离合器脱开,停止主轴向下机动进给;当套筒向上机动进给到极限位置时,同样可停止主轴向上机动进给。

(2)床柱部分

转盘与摇臂安置在床柱顶部,并可在其上回转;摇臂可在转盘燕尾槽内前后移动。床柱与底座为分体式结构,床柱底座内部为冷却液箱。

(3)升降台

升降台部件 40 与床柱垂直导轨抱连,其后方的手柄 48 将升降台夹紧在床柱上。

（4）进给变速部分

进给变速箱是个独立部件,由左侧装入升降台内。

变速操纵机构由箱体左边的进给变速手柄6控制,手柄附有进给变速指示盘。在变速过程中,如出现齿轮顶撞,可点进给点动按钮。

注意:变速应在电机停止时进行。

（5）横向、垂向进给箱

横向、垂向进给箱39装在升降台内部正中央,装有横向移动手柄7和垂向移动手柄41。

横向和垂向的机动、手动进给由转换手柄37控制,操纵三个位置:上——垂向进给;中——空档、手动进给;下——横向进给。横向和垂向、机动和手动均由此转换手柄互锁。

横向进给启动按钮:(1)向床柱——按钮2(纵向/向床柱/升)

　　　　　　　　　(2)离床柱——按钮1(离床柱/降)

垂向进给启动按钮:(1)升——按钮2

　　　　　　　　　(2)降——按钮1

（6）工作台部分

工作台部分由工作台33、滑鞍34组成,两端装有纵向手轮35,右端设有装置分度头挂轮的结构。用时将手轮等有关零件拆下。

纵向进给运动方向是由换向机构,即换向手柄12、移动爪形离合器来实现。手柄有三个不同方向的转位——向左、向右和中间(停止)。

工作台纵向、横向和垂向运动,分别设有行程限位块10、36、42,需要时可用以预选行程长度。

注意:工作台每次单向进给铣削完毕后,必须将纵向转换手柄12和垂向转换手柄37拨至中央位置。如对此疏忽,因纵向与横、垂向之间无互锁装置。开动进给时,可能会出现纵向和横向或纵向和垂向的复合运动,因此,在启动进给电机前,必须检查两转换手柄是否在空档位置,以保安全。

（7）超负荷信号

当进给机构超过负荷或是机床内部发生故障时,进给系统的安全离合器即打滑,工作进给中断,并发生连续的"答、答"声,闻此声应立即停止进给。

3. 传动系统

（1）主传动系统

主轴由安装在铣头顶部的法兰盘式电机拖动,电机通过塔形皮带轮、同步齿形带轮和齿轮副使主轴获得 70~540 r/min 的速度,或直接通过离合器接合使主轴范围在 550~4500 r/min 的 16 级转速。

主轴机动进给是经齿轮、蜗轮副换向减速机构,使主轴得到每种转速的三种不同的进给量,并通过离合器与齿轮不同的啮合使主轴套筒自动升或降。当负荷超载时,离合器自动脱开,起过载保护作用。

（2）进给传动系统

进给系统由装在升降台右侧的法兰盘式电动机拖动,经变速箱内的变速齿轮分别啮合后,可获得范围在 10~300 mm/min(垂向为此值的1/3)的9级进给速度。

其中纵向分配轴,传递工作台左右运动;横、垂向分配轴可选择传递横向或垂向运动,并为横、垂向间的机械互锁机构。

三向快速运动由另一齿轮组传到快速输出轴,当需要由慢速移动变为快速移动时,按"快速"按钮实现,快速移动量为 2 115 mm/min(垂向为此值的1/3)。

4.2.4　铣床主要附件

铣床主要附件有铣刀杆(见项目三铣刀部分)、万能分度头(见项目七分度方法部分)、机用平口钳和圆形工作台等。

1. 机用虎钳

机用虎钳是一种通用夹具,使用时应先校正其在工作台上的位置,然后再夹紧工件。

校正虎钳的方法有三种:

1. 用百分表校正[如图4.5(a)];

2. 用90°角尺校正;

3. 用划线针校正。

校正的目的是保证固定钳口与工作台台面的垂直度、平行度。校正后利用螺栓与工作台T形槽连接,将机用虎钳装夹在工作台上。装夹工件时,要按划线找正工件,然后转动机用虎钳丝杠使活动钳口移动并夹紧工件[如图4.5(b)]。

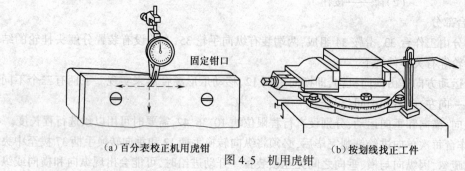

(a)百分表校正机用虎钳　　　　　　(b)按划线找正工件

图4.5　机用虎钳

2. 回转工作台

回转工作台安装在铣床工作台上,用来装夹工件,以铣削工件上的圆弧表面或沿圆周分度(如图4.6 a)。用手转动手轮,通过蜗轮蜗杆机构使转台转动。转台周围有刻度用来观察和确定转台位置,手轮上的刻度盘也可读出转台的准确位置,图4.6(b)为在回转工作台上铣圆弧槽的情况,即利用螺栓压板把工件夹紧在转台上,铣刀旋转后,摇动手轮使转台带动工件进行圆周进给,铣削圆弧槽。

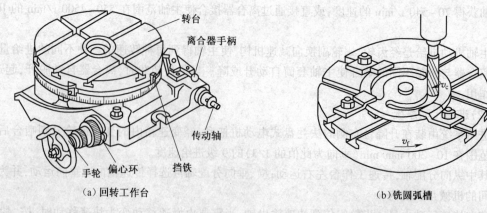

(a)回转工作台　　　　　　　　　　(b)铣圆弧槽

图4.6　回转工作台

3. 万能分度头

常见类型有等分分度头、简单分度头、自动分度头和万能分度头。

（1）万能分度头的结构（如图4.7）

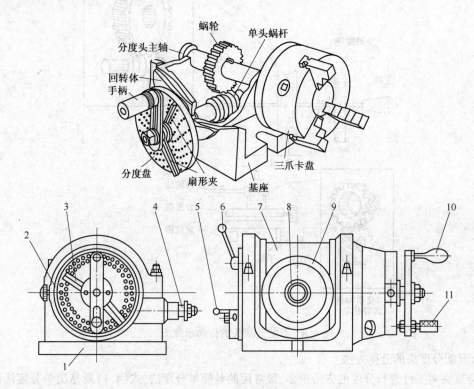

图 4.7　万能分度头

1—基座；2—分度盘；3— 分度叉(又称扇形夹)；4—侧轴；5—蜗杆脱落手柄；6—主轴锁紧手柄；
7—回转体；8—主轴；9—刻度盘；10—分度手柄；11—定位插销

（2）万能分度头的功用

ⓐ使工件在圆周上进行分度，如铣削多边形、齿轮及花键等。

ⓑ将工件安装成所需的角度，如铣斜面等。

ⓒ通过安装交换齿轮，使分度头与工作台传动系统连接，借助工作台的进给运动，使分度头主轴作连续旋转，可加工螺旋槽及凸轮等。

（3）万能分度头的的分度原理

万能分度头的传动示意图如图4.8所示。手柄转过40r，分度头主轴转过1r，即传动比为40：1。如果工件在整个圆周上的分度数目为z，即每分一个等分就要求分度头主轴转1/z圈，此时分度手柄的转数与工件等分数的关系如式：

$$40:1 = n:\frac{1}{z}$$

即　　　　　　　　　　　　　　　$$n = \frac{40}{z} \tag{4.1}$$

式中：n——分度手柄转数；

40——分度头的定数；

z——工件的等分数（齿数或边数）。

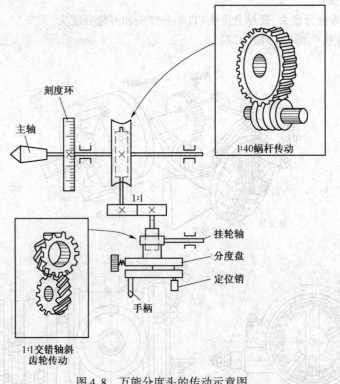

图 4.8   万能分度头的传动示意图

(4)万能分度头的分度方法

用分度头对工件进行分度的方法很多,最常用的是简单分度法,式(4.1)就是简单分度法的计算式。

例如:铣削六角螺母,每加工完一面,手柄需转过的圈数为

$$n = \frac{40}{z} = \frac{40}{6}r = 6\frac{2}{3}r = \left(6 + \frac{44}{66}\right)r$$

分度头常备有两块分度盘,套装在分度手柄轴上,盘上(正、反面)有若干圈在圆周上均布的定位孔,作为各种分度计算和实施分度的依据。分度盘配合分度手柄完成不是整转数的分度工作。不同型号的分度头都配有 1 块或 2 块分度盘,FW250 型万能分度头有 2 块分度盘。分度盘上诸孔圈的孔数见表 4.1。

表 4.1   分度盘孔圈的孔数

分度头形式		分度盘孔圈的孔数
带 1 块分度盘		正面:24,25,28,30,34,37,38,39,41,42,43
		反面:46,47,49,51,53,57,58,59,62,66
带 2 块分度盘	第 1 块	正面:24,25,28,30,34,37
		反面:38,39,41,42,43
	第 2 块	正面:46,47,49,51,53,54
		反面:57,58,59,62,66

分度盘的左侧有一紧固螺钉,用以在一般工作情况下固定分度盘;松开紧固螺钉,可使分度手柄随分度盘一起作微量的转动调整,或完成差动分度、螺旋面加工等。

4.3 铣 刀

铣刀是一种在回转体表面或端面上分布有多个刀齿的多刃刀具。铣刀的种类很多,按材料不同,铣刀分为高速钢和硬质合金两大类;按刀齿和刀体是否一体分为整体式和镶齿式两类;按铣刀的安装方法不同分为带孔铣刀和带柄铣刀两类;按铣刀的用途和形状分为圆柱形铣刀、端(面)铣刀、立铣刀、键槽铣刀、T形槽铣刀、三面刃铣刀、锯片铣刀、角度铣刀和成形铣刀。

4.3.1 铣刀的安装

1. 选择铣刀

铣平面用的铣刀有圆柱铣刀和端铣刀两种,由于圆柱铣刀刃磨要求高,加工效率低,通常采用端铣刀加工平面。铣刀的直径一般要大于工件宽度,尽量在一次进给中铣出整个加工表面。

2. 铣刀的安装

(1)带孔铣刀的安装

带孔铣刀一般安装在铣刀刀轴上(如图4.9)。安装铣刀时,应尽量靠近主轴前端,以减少加工时刀轴的变形和振动。

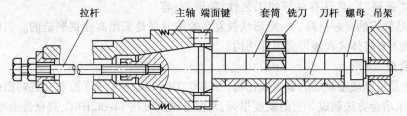

拉杆　　主轴 端面键　　套筒 铣刀 刀杆 螺母 吊架

图 4.9　圆盘铣刀的安装

带孔铣刀中的端铣刀常用短刀杆安装(如图4.10)。

(2)带柄铣刀的安装.

a. 锥柄铣刀的安装(如图4.11a)。安装时,要根据铣刀锥柄的大小选择合适的变锥套,还要将各种配合表面擦净,然后用拉杆把铣刀及变锥套一起拉紧在主轴上。

b. 直柄铣刀的安装(如图4.11b)。安装时,要用弹簧夹头安装,即铣刀的直柄要插入弹簧套内,然后旋紧螺母以压紧弹簧套的端面;使弹簧套的外锥面受压、孔径缩小,夹紧直柄铣刀。

4.3.2 工件的安装

在铣床上加工平面时,一般都用机用虎钳,或用螺栓、压板把工件装夹在工作台上;大批量生产中,为了提高生产效率,可使用专用夹具来装夹。

1. 机用虎钳装夹工件

①定钳口是基准面,该表面与工件的定位面要相贴合;

②工件应装在钳口中间部位,以使夹紧稳固、可靠;

③工件待加工表面一般高于钳口5 mm左右;

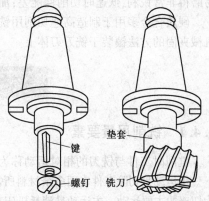

键

螺钉

垫套

铣刀

(a)短刀杆 (b)安装在短刀杆上的端铣刀

图 4.10　端铣刀的安装

④防止工件与垫铁间有间隙；

⑤装夹毛坯工件时，应在毛坯面与钳口之间垫上铜皮等物，以防损坏钳口。

2. 螺栓、压板装夹工件

①螺栓应尽量靠近工件。

②使用压板的数目一般在两块以上，在工件上的压紧点要尽量靠近加工部位。

4.3.3　铣刀切削部分的材料

常用的铣刀切削部分材料有高速工具钢和硬质合金两大类。

1. 高速钢

热处理后硬度可达 63~70HRC，热硬性温度达 550~600 ℃（在 600 ℃高温下硬度为 47~55HRC），具有较好的切削性能，切削速度一般为 16~35 m/min。

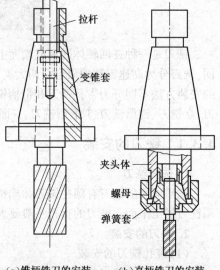

（a）锥柄铣刀的安装　　（b）直柄铣刀的安装

图 4.11　带柄铣刀的安装

高速钢的强度较高，韧性也较好，能磨出锋利的刃口（因此又俗称"锋钢"），且具有良好的工艺性，能锻造，容易加工，是制造铣刀的良好材料。一般形状较复杂的铣刀都是采用高速钢制造的。切削部分材料为高速钢的铣刀有整体式和镶齿式两种结构。

2. 硬质合金

硬质合金是将高硬度难熔的金属碳化物（如 WC、TiC、TaC、NbC 等）粉末，用钴、钼或钨为黏结剂，再结合粉末冶金方法制成。它的硬度很高，常温下硬度可达 74~82HRC，热硬性温度高达 900~1 000 ℃，耐磨性好，因此，切削性能远超过高速钢，但其韧性较差，承受冲击和振动能力差；刀刃不易磨得非常锐利，低速时切削性能差；加工工艺性较差。

硬质合金多用于制造高速切削用铣刀。铣刀大都不是整体式，而是将硬质合金刀片以焊接或机械夹固的方法镶装于铣刀刀体上。

4.4　铣　削　用　量

4.4.1　铣削用量要素

铣削时工件与铣刀的相对运动称为铣削运动。它包括主运动和进给运动。

主运动是切除工件表面多余材料所需的最基本的运动，是指直接切除工件上待切削层，使之转变为切屑的主要运动。主运动是消耗机床功率最多的运动。铣削运动中铣刀的旋转运动是主运动。

进给运动是使工件切削层材料相继投入切削，从而加工出完整表面所需的运动。铣削运动中，工件的移动或回转、铣刀的移动等都是进给运动。

铣削用量有切削速度、进给量、铣削深度 a_p 和铣削宽度 a_e（如图 4.12）。

1. 切削速度 v_c

铣刀最大直径处切削刃的线速度，单位为 m/min，可用式（4.2）计算

$$v_c = \frac{\pi Dn}{1\,000}(\text{m/min}) = \frac{\pi Dn}{1\,000 \times 60}(\text{m/s}) \tag{4.2}$$

式中: D——铣刀直径, mm;

n——铣刀每分钟转速, r/min。

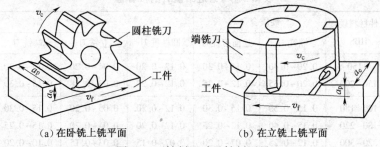

（a）在卧铣上铣平面　　　　　　（b）在立铣上铣平面

图 4.12　铣削运动及铣削用量

2. 进给量

铣削进给量有三种表示方法：

（1）进给速度 (v_f)：进给速度是指每分钟内铣刀相对于工件的进给运动的瞬时速度，单位为 mm/min，也称为每分钟进给量。

（2）每转进给量 (f)：它是指铣刀每转过一转时，铣刀在进给运动方向上相对于工件的位移量，单位为 mm/r。

（3）每齿进给量 (f_z)：它是指铣刀每转过一个齿时，铣刀在进给运动方向上相对于工件的位移量，单位为 mm/z。

三种进给量之间的关系式如式（4.3）

$$v_f = f\,n = f_z\,zn \tag{4.3}$$

式中: n——铣刀每分钟转速, r/min；

z——铣刀齿数。

3. 铣削深度 α_p

铣削深度 α_p 是指平行于铣刀轴线方向上测得的切削层尺寸，单位为 mm。周铣时 α_p 是已加工表面宽度，端铣时 α_p 是切削层深度。

4. 铣削宽度 α_e

铣削宽度 α_e 是指在垂直于铣刀轴线方向、工件进给方向上测得的切削层尺寸，单位为 mm。周铣时 α_e 是切削层深度，端铣时 α_e 是已加工表面宽度。

4.4.2　铣削用量的选择

铣削用量应根据工件材料、加工精度、铣刀耐用度及机床刚度等因素进行选择。首先选定铣削深度 α_p，其次是每齿进给量 f_z，最后确定铣削速度 v_c。

表 4.2 为端铣时铣削深度 α_p 的推荐值，供参考。

表 4.2　端铣时铣削深度 α_p 的推荐值　　　　　　　　　　（mm）

工件材料	高速工具钢铣刀		硬质合金铣刀	
	粗铣	精铣	粗铣	精铣
铸铁	5~7	0.5~1	10~18	1~2
软钢	<5	0.5~1	<12	1~2
中硬钢	<4	0.5~1	<7	1~2
硬钢	<3	0.5~1	<4	1~2

表 4.3 为每齿进给量 f_z 的推荐值,供参考。

表 4.3　每齿进给量 f_z 的推荐值　　　　　（mm／齿）

工件材料	工件材料硬度 HBS	硬质合金		高速钢			
		端铣刀	三面刃铣刀	圆柱铣刀	立铣刀	端铣刀	三面刃铣刀
低碳钢	~150	0.20~0.40	0.15~0.30	0.12~0.20	0.04~0.20	0.15~0.30	0.12~0.20
	150~200	0.20~0.35	0.12~0.25	0.12~0.20	0.03~0.18	0.15~0.30	0.10~0.15
中、高碳钢	120~180	0.15~0.50	0.15~0.30	0.12~0.20	0.05~0.20	0.15~0.30	0.12~0.20
	180~220	0.15~0.40	0.12~0.25	0.12~0.20	0.04~0.20	0.15~0.25	0.07~0.15
	220~300	0.12~0.25	0.07~0.20	0.07~0.15	0.03~0.15	0.10~0.20	0.05~0.12
灰铸铁	150~180	0.20~0.50	0.12~0.30	0.20~0.30	0.07~0.18	0.20~0.35	0.15~0.25
	180~220	0.20~0.40	0.12~0.25	0.15~0.25	0.05~0.15	0.15~0.30	0.10~0.20
	220~300	0.15~0.30	0.10~0.20	0.10~0.20	0.03~0.10	0.10~0.15	0.07~0.12
可锻铸铁	110~160	0.20~0.50	0.10~0.30	0.20~0.35	0.08~0.20	0.20~0.40	0.15~0.25
	160~200	0.20~0.40	0.10~0.25	0.20~0.30	0.07~0.20	0.20~0.35	0.15~0.20
	200~240	0.15~0.30	0.10~0.20	0.12~0.25	0.05~0.15	0.15~0.30	0.12~0.15
	240~280	0.10~0.30	0.10~0.15	0.10~0.20	0.02~0.08	0.10~0.20	0.07~0.12
含 C<0.3% 合金钢	125~170	0.15~0.50	0.12~0.30	0.12~0.20	0.05~0.20	0.15~0.30	0.12~0.20
	170~220	0.15~0.40	0.12~0.25	0.10~0.20	0.05~0.10	0.15~0.25	0.07~0.15
	220~280	0.10~0.30	0.08~0.20	0.07~0.12	0.03~0.08	0.12~0.20	0.07~0.12
	280~320	0.08~0.20	0.05~0.15	—	0.025~0.05	0.07~0.12	0.05~0.10
含 C>0.3% 合金钢	170~220	0.125~0.40	0.12~0.30	0.12~0.20	0.12~0.20	0.15~0.25	0.07~0.15
	220~280	0.10~0.30	0.08~0.20	0.07~0.15	0.07~0.15	0.12~0.20	0.07~0.12
	280~320	0.08~0.20	0.05~0.15	0.05~0.12	0.05~0.12	0.07~0.12	0.05~0.10
	320~380	0.06~0.15	0.05~0.12	—	0.05~0.10	0.05~0.10	0.05~0.10
工具钢	退火状态	0.15~0.50	0.12~0.30	0.07~0.15	0.05~0.10	0.12~0.20	0.07~0.15
	36HRC	0.12~0.25	0.08~0.15	0.05~0.10	0.03~0.08	0.07~0.12	0.05~0.10
	46HRC	0.10~0.20	0.06~0.12	—	—	—	—
	50HRC	0.07~0.10	0.05~0.10	—	—	—	—
铝镁合金	95~100	0.15~0.38	0.125~0.30	0.15~0.20	0.05~0.15	0.20~0.30	0.07~0.20

表 4.4 为铣削速度 v_c 的推荐数值,供参考。

表 4.4　铣削速度 v_c 的推荐数值　　　　　（m／min）

工件材料	硬度（HBS）	铣削速度 v_c	
		硬质合金铣刀	高速工具钢铣刀
低碳钢、中碳钢	<220	80~150	21~40
	225~290	60~115	15~36
	300~425	40~75	9~20
高碳钢	<220	60~130	18~36
	225~325	53~105	14~24
	325~375	36~48	9~12
	375~425	35~45	9~10

续表

工件材料	硬度(HBS)	铣削速度 v_c	
		硬质合金铣刀	高速工具钢铣刀
合金钢	<220	55~120	15~35
	225~325	40~80	10~24
	325~425	30~60	5~9
工具钢	200~250	45~83	12~23
灰铸铁	100~140	110~115	24~36
	150~225	60~110	15~21
	230~290	45~90	9~18
	300~320	21~30	5~10
可锻铸铁	110~160	100~200	42~50
	160~200	83~120	24~33
	200~240	72~110	15~24
	240~280	40~60	9~21
铝镁合金	95~100	360~600	180~300

4.5 铣削方式

4.5.1 周铣

用圆柱铣刀的周边齿进行的铣削的方式,称为周边铣削,简称周铣,如图4.13所示。周铣有顺铣与逆铣之分。

(1)顺铣:在铣刀与工件已加工面的切点处,铣刀切削刃的旋转运动方向与工件进给方向相同的铣削称为顺铣[如图4.13(a)]。

顺铣时,刀齿切下的切屑由厚逐渐变薄,易切入工件。由于铣刀对工件的垂直分力 F_V 向下且紧压工件,所以切削时不易产生振动,铣削平稳。但另一方面,由于铣刀对工件的水平分力 F_H 与工作台的进给方向一致且工作台丝杠与螺母之间有间隙,因此在水平分力的作用下,工作台会消除间隙而突然窜动,致使工作台出现爬行或产生啃刀现象,引起刀杆弯曲、刀头折断。

(2)逆铣:在铣刀与工件已加工面的切点处,铣刀切削刃的旋转运动方向与工件进给方向相反的铣削称为逆铣[如图4.13(b)]。

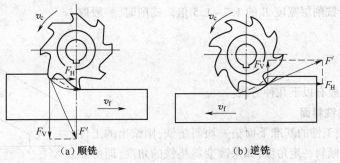

(a)顺铣　　　　　　　　　(b)逆铣

图4.13　顺铣与逆铣

逆铣时,刀齿切下的切屑是由薄逐渐变厚的。由于刀齿的切削刃具有一定的圆角半径,所以刀齿接触工件后要滑移一段距离才能切入,因此刀具与工件摩擦严重,致使切削温度升高,工件已加工表面粗糙度增大。另外铣刀对工件的垂直分力是向上的,也会促使工件产生抬起趋势,易产生振动而影响表面粗糙度。但另一方面,铣刀对工件的水平分力与工作台的进给方向相反,在水平分力的作用下,工作台丝杠与螺母间总是保持紧密接触而不松动,故丝杠与螺母的间隙对铣削没有影响。

综上所述,从提高刀具耐用度和工件表面质量以及增加工件夹持的稳定性等观点出发,一般以采用顺铣法为宜。但需要注意的是,铣床必须具备丝杠与螺母的间隙调整机构,且间隙调整为零时才能采取顺铣。目前,除万能升降台铣床外,尚没有消除丝杠与螺母之间间隙的机构,所以,在生产中仍多采用逆铣法。另外,当铣削带有黑皮的工件表面时,如用顺铣法对铸件或锻件表面进行粗加工,因刀齿首先接触黑皮将会加剧刀齿的磨损,所以应采用逆铣法。

4.5.2 端铣

用端铣刀的端面齿进行铣削的方式称为端面铣削,简称端铣(如图4.14)。

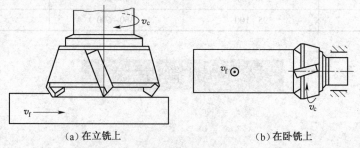

（a）在立铣上　　　　　　　　　　　　（b）在卧铣上

图4.14　用端铣刀铣平面

由于端铣刀多采用硬质合金刀头,又因为端铣刀的刀杆短、强度高、刚性好以及铣削中的振动小,因此用端铣刀可以高速强力铣削平面,其生产率高于周铣。目前在生产实际中,端铣已被广泛采用。

4.6　铣平面、斜面、台阶面

4.6.1　铣平面

用端铣刀铣平面,端铣刀的直径应按铣削层宽度来选择,一般铣刀直径 D 应大于铣削层宽度 B 的 $1.2 \sim 1.5$ 倍。铣削时,一般取 $v_c = 80 \sim 120\text{m/min}$。

4.6.2　铣斜面

斜面的铣削一般有以下几种方法:

1. 使用斜垫铁铣斜面

(如图4.15)在工件的基准下面垫一块斜垫铁,则铣出的工件平面就会与基准面倾斜一定角度,如果改变斜垫铁的角度,即可加工出不同角度的工件斜面。适用于批量生产。

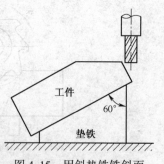

图4.15　用斜垫铁铣斜面

2. 用万能立铣头铣斜面

由于万能立铣头能方便地改变刀轴的空间位置,因此可通过转动立铣头使刀具相对工件倾斜一个角度即可铣出斜面(如图 4.16)。

4.6.3　铣台阶面

在铣床上,可用三面刃盘铣刀或立铣刀铣台阶面。在成批生产中,大都采用组合铣刀同时铣削几个台阶面(如图 4.17)。

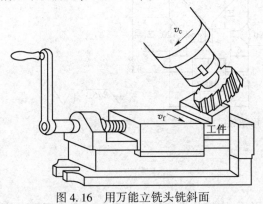

图 4.16　用万能立铣头铣斜面

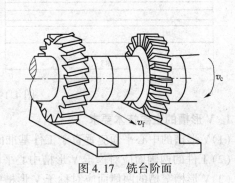

图 4.17　铣台阶面

4.6.4　操作要领

1. 开始铣削加工前,刀具必须离开工件。
2. 铣削过程中,不能中途停止工作台的进给运动,以防铣刀停在工件上空转。
3. 进给运动结束后,工件不能立即在旋转的铣刀下面退回,否则会切坏已加工表面。
4. 安装铣刀时,刀头伸出刀体外的距离不要太大,以免产生振动。

4.7　铣　沟　槽

铣床能加工的沟槽种类很多,如直槽、键槽、T 形槽、V 形槽、燕尾槽和成形面等。

4.7.1　铣 T 形槽

(如图 4.18)要铣 T 形槽,必须首先用三面刃铣刀或立铣刀铣出直角槽,然后再用 T 形槽铣刀铣出 T 形槽,最后用角度铣刀倒角。由于 T 形槽的铣削条件差,排屑困难,容易折断,所以切削用量应取小些。

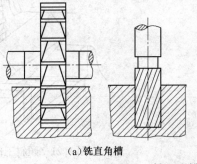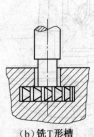

(a)铣直角槽　　　　　　　　(b)铣 T 形槽

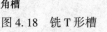

图 4.18　铣 T 形槽

4.7.2 铣 V 形槽

（如图 4.19）具有 V 形槽的 V 形垫铁。V 形槽两侧面间的夹角（槽角）一般为 90°或 60°，也有 120°的。槽角为 90°的 V 形槽最为常用。

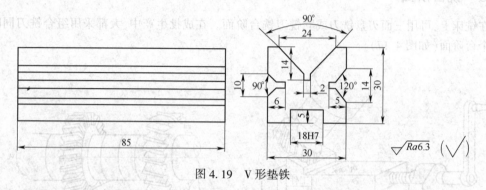

图 4.19 V 形垫铁

1. V 形槽的主要技术要求

（1）V 形槽的中心平面应垂直于工件基准面。

（2）工件的两侧面应对称于 V 形槽中心平面。

（3）V 形槽窄槽的两侧面应对称于 V 形槽中心平面，窄槽的槽底面应略超出 V 形槽两侧面的延长交线。

2. V 形槽的铣削方法

（1）倾斜主轴铣 V 形槽

槽角大于或等于 90°、尺寸较大的 V 形槽，可在立式铣床上调整主轴角度，用立铣刀或端铣刀铣削（如图 4.20）。铣 V 形槽前应先用锯片铣刀加工出窄槽。铣 V 形槽时，铣完一侧槽面后，将工件松开调转 180°后重新夹紧，再铣另一侧槽面；也可以将主轴反方向调转角度后铣另一侧槽面。该方法主要适用于 V 形面较宽的场合。

（2）倾斜工件铣 V 形槽

槽角大于 90°、精度要求不高的 V 形槽，可以按划线校正 V 形槽的一侧槽面，使之与工作台台面平行后夹紧工件，铣完一侧槽面后，重新校正另一侧槽面并夹紧工件，铣削成形（如图 4.21）。槽角等于 90°、且尺寸不太大的 V 形槽，则可以一次校正装夹铣成形。

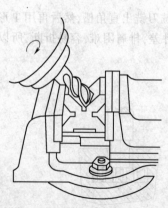

图 4.20 倾斜主轴铣 V 形槽

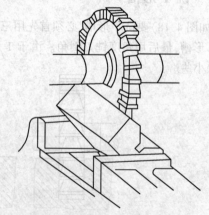

图 4.21 倾斜工件铣 V 形槽

（3）用角度铣刀铣 V 形槽

槽角小于或等于 90°的 V 形槽，一般采用与其角度相同的对称双角铣刀在卧式铣床上铣削，铣 V 形槽前应先用锯片铣刀铣出窄槽，夹具或工件的基准面应与工作台纵向进给方向平行（如图 4.22）。

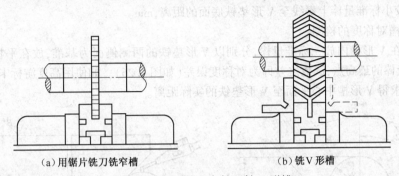

（a）用锯片铣刀铣窄槽　　　　　（b）铣 V 形槽

图 4.22　用对称双角铣刀铣 V 形槽

3. V 形槽的检测

V 形槽的检测项目主要有：V 形槽宽度 B、V 形槽槽角 α 和 V 形槽对称度。

（1）V 形槽（槽口）宽度 B 的检测　（如图 4.23）先间接测得尺寸 h，然后根据式（4.4）计算得出 V 形槽宽度 B

$$B = 2\tan \alpha/2(R/\sin \alpha/2 + R - h) \tag{4.4}$$

式中：R——标准量棒半径，mm；

　　　α——V 形槽槽角，°；

　　　h——标准量棒上素线至 V 形槽上平面的距离，mm。

也可用游标卡尺直接测量槽口宽度 B，测量简便，但测量精度差。

（2）V 形槽槽角 α 的检测　可以用角度样板检测，通过观察工件与样板间的缝隙判断 V 形槽槽角 α 是否合格。也可以用游标万能角度尺测量（如图 4.24）。测量角度 A 或 B 时，可间接测得 V 形槽半槽角 $\alpha/2$。

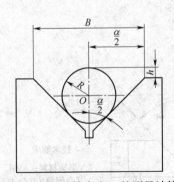

图 4.23　V 形槽宽度 B 的测量计算

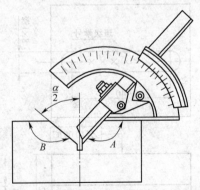

图 4.24　用游标万能角度尺测量 V 形槽槽角 α

还可用标准量棒间接测量槽角 α（如图 4.25）。此法测量精度较高，测量时，先后用两根不同直径的标准量棒进行间接测量，分别测得尺寸 H 和 h，然后根据式（4.5）计算，求出槽角 α 的实际值：

$$\sin \frac{\alpha}{2} = \frac{R - r}{(H - R) - (h - r)} \tag{4.5}$$

式中:R——较大标准量棒的半径,mm;

    r——较小标准量棒的半径,mm;

    H——较大标准量棒上素线至 V 形垫铁底面的距离,mm;

    h——较小标准量棒上素线至 V 形垫铁底面的距离,mm。

（3）V 形槽对称度的检测

检测时,在 V 形槽内放一标准量棒,分别以 V 形垫铁的两侧侧面为基准,放在平板上,用杠杆百分表测量量棒的最高点,读数之差即为对称度误差（如图 4.26）。如使用高度游标卡尺测量量棒最高点,则可求得 V 形槽中心平面至 V 形垫铁的实际距离。

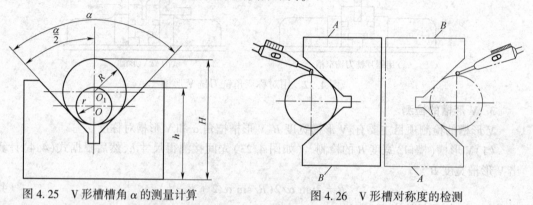

图 4.25　V 形槽槽角 α 的测量计算　　　　　图 4.26　V 形槽对称度的检测

实训项目一　铣削 V 形架

一、工件及要求

铣削 V 形架（如图 4.27）。

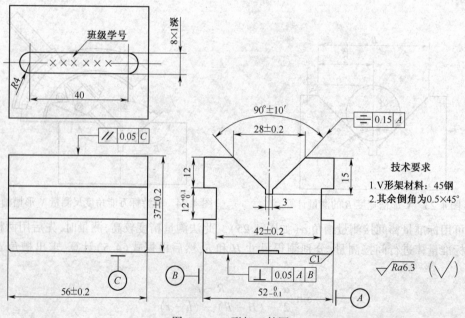

班级学号

技术要求

1. V形架材料：45钢
2. 其余倒角为0.5×45°

图 4.27　V 形架工件图

二、铣 V 形架操作步骤

1. 工件装夹、找正,装刀、卸刀和对刀(如图 4.28)。

安装铣刀时,刀头伸出刀体外的距离不要太长,以免产生振动;同时,刀体、刀头要夹紧牢固以免产生振动或刀头飞出伤人。

2. 试切铣削。在加工时,一般应先试铣一刀,然后测量铣削平面与基准面的尺寸大小和平行度以及铣削平面与侧面的垂直度。

铣削平面与基准面的尺寸控制可通过机床工作台升降手柄的转动来实现,即根据工件的测量尺寸与要铣削的尺寸差值,来确定手动升降手柄转过的刻度值。

当试切后的铣削平面与基准面不平行时,即工件的 A 处厚度大于 B 处的厚度时,可在 A 处下面垫入适当的纸片或铜片,然后再试切,直至调整到平行为止(如图 4.29)。

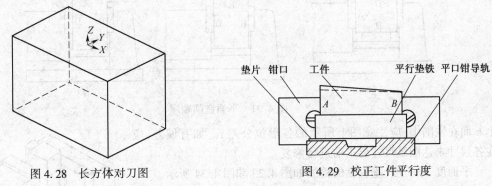

图 4.28　长方体对刀图　　　　图 4.29　校正工件平行度

当铣削平面与侧面不垂直时,可在侧面与固定钳口间垫纸片或铜片。当铣削平面与侧面交角大于 90°时,铜片应垫在下面[如图 4.30(a)];如两个面交角小于 90°,则应垫在上面[如图 4.30(b)]。

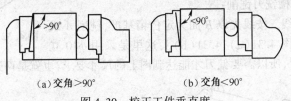

(a)交角>90°　　　　　(b)交角<90°

图 4.30　校正工件垂直度

3. 平面加工,对平面度、平行度、垂直度、尺寸精度进行测量并记录。

铣削顺序如图 4.31 所示。

如图 4.31(a),以面 A 为定位粗基准铣削面 B。(注:在 A、C 两面中找一相对垂直 B 或 D 面的面作为面 A),保证尺寸不得小于 38mm。

如图 4.31(b),以面 B 为定位精基准。(使面 B 与固定钳口靠紧),铣削 A 或 C 面保证尺寸不得小于 53mm。

如图 4.31(c),以 B 和 A 或 C 面为定位精基准铣削 C 或 A 面,保证 $52_{-0.1}^{0}$ 尺寸公差。

如图 4.31(d),以 C 或 A 面为定位精基准铣削面 D,保证 37±0.2 尺寸公差。

如图 4.31(e),以 B 或 D 为定位精基准铣削 E 面或 F 面,第一面一定要用直角尺测定垂直角,以保证 E 面或 F 面垂直于 A 面或 C 面的 90°,保证尺寸不得小于 58mm(如图 4.32)。

如图 4.31(f),以 B 面或 D 面和 E 面为定位精基准铣削 F 面,保证 56±0.2 尺寸公差。(注:以

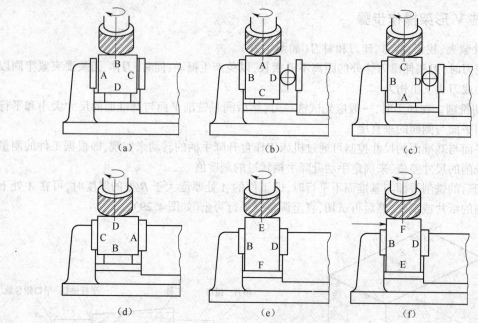

图 4.31　平面铣削顺序

上 6 面在铣削中,应注意图上所示的各形位公差)。如有偏差,应在各尺寸未达图纸尺寸要求前进行修复。

平面度、平行度、垂直度的检测如图 4.33 和图 4.34 所示。

4. 两条通槽、一条键槽加工,对位置度、平行度、尺寸精度进行测量并记录。

在立式铣床上铣削 12 通槽和 16×11×10 凹槽,封闭式键槽,采用 $\phi10$ 立铣刀和 $\phi8$ 键槽铣刀铣削。

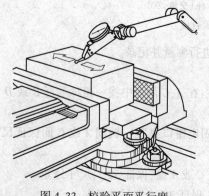

图 4.32　校验装夹时的垂直度

铣削顺序:按图划线。按线先以 B 面为定位精基准,铣削 A 或 C 面上的直角通槽[如图 4.31(a)、4.31(b)],这里是采用 $\phi10$ 立铣刀铣削,而槽是 $12^{+0.1}_{0}$,所以需要偏刀才能达到图上的尺寸要求,也就是两边需精加工一刀。

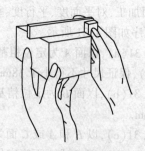

图 4.33　校验平面平行度　　　　　　　　　　图 4.34　检测垂直度

(1)对刀方法一:可直接用 $\phi10$ 的立铣刀对刀,为了不损伤零件,可在 B 面贴一张小纸片,主轴开动,移动纵、横和上升工作台,以碰到小纸片为准,下降工作台,横向移动工作台 23mm(向床身),

紧固横向工作台手柄,然后在 A 或 C 面对刀、退刀;工作台上升 4.5mm,纵向走刀;槽通后,停机测量 12 端头尺寸,在保证 12 尺寸后,工作台上升 0.5mm,紧固横向工作台手柄精铣走刀;完后松开横向工作台手柄,移动横向工作台 2mm,纵向走刀、退刀(以铣削过了铣刀直径为准);测量,在保证 $12^{+0.1}_{0}$ 尺寸公差后,就可以紧固横向工作台手柄精加工完成此槽,通常是 3 刀就铣削完成(注:第二条通槽也一定是以面 B 为精基准面)。

(2)对刀方法二:按划线目测法,主轴开机,移动横向工作台至槽 12 的中心,上升工作台,以铣刀碰到零件 0.1mm 为准,移动纵向工作台,拖出一条 10mm 的痕迹,依照痕迹来判断铣刀与工件划线的位置,从而适当移动横向工作台,逐渐趋于中心,依照加工方法一一进行。

封闭式键槽和上述对刀方法一样(如图 4.35),用 $\phi8$ 的键槽铣刀一刀铣出来。

5. 加工 V 形槽,铣削顺序如下:

(1)用 $\phi22$ 的直柄立铣刀。

(2)主轴转速,$n=390\text{r}/\min$,$v_{e}=25\sim26\text{m}/\min$,$v_{f}=36\text{mm}/\min$。

(3)立铣头(主轴),转角,工件槽形角 $\alpha=90°$,主轴扳转 $\alpha/2=45°$(如图 4.20)。

(4)以 E 面或 F 面为精基准,夹紧在平口钳内,用手锤敲击使之紧贴平行垫铁内(如图 4.36)。

(5)铣削对刀,主轴开动,升高工作台,移动纵、横向工作台,使立铣刀刀尖对准 V 槽的中心线(如图 4.37);移动横向工作台,使刀尖切出的刀痕和中心线重叠,紧固纵向工作台,横向退刀;上升工作台 9mm,切去。

然后用游标万能角度尺测量 V 形槽半角,以确定立铣头扳转的角度是否准确(如图 4.24);如果不准,则重新调整立铣头转角,直至符合要求。角度调整完毕后,接下来还要用标准的圆柱棒测量中心(对称度)(如图 4.23)。

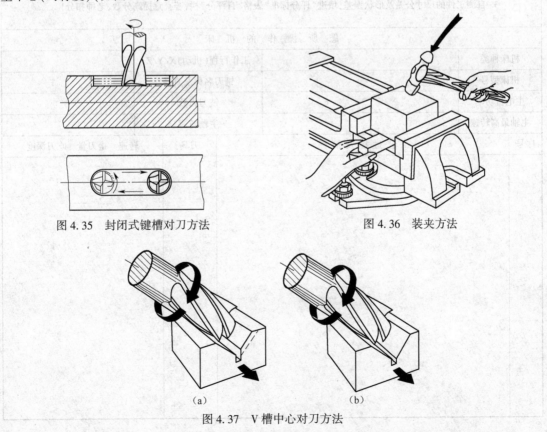

图 4.35　封闭式键槽对刀方法　　　　　　　　图 4.36　装夹方法

(a)　　　　　　　　　　　　(b)

图 4.37　V 槽中心对刀方法

如果不对称,移动纵向工作台进行调整(误差数除以2),上升工作台一定的高度(视误差大小而定),横向走刀,直到调整到准确为准。由于图纸上V槽的宽度有要求(28±0.2),工作台上升的高度一定要控制好,因为立铣刀的刀刃都有圆角半径(每把铣刀的刀刃圆角半径不同),且每次刀尖切出的刀痕深度不一样。所以,不能以碰到零件后进刀到14 mm尺寸,而要以测量槽宽的实际尺寸,精铣时可采用顺铣的方法进行,可适当提高铣削速度,进刀量可取0.2 mm,以保证表面粗糙度。

最后在卧铣上用锯片铣刀加工窄槽,这样,整个V型零件的加工就完成了。

6. 按检测手段(三个步骤)进行测量并记录。

三、铣削 V 形槽实训报告(见表4.5)

表4.5 铣削 V 形槽实训报告

班级		学号		姓名		成绩	
训练内容:常用夹具;V 形架(V 形铁)的制造(附图纸)							
目的:1. 了解 X6132、X5325C、XQ6225 铣床的结构、调整及熟悉操控。 　　2. 熟悉刀具、工件的装夹要领。 　　3. 学会切削加工的三要素及制定工艺过程。 　　4. 掌握量具的使用及测量要领。							
要求:1. 掌握设备的各电器开关及操纵手柄的用途和性能才能启动设备。 　　2. 加工过程中记录加工数据,完成实习报告。 　　3. 自测工件的尺寸公差及形状误差,填进"评分标准"表格"自评分"栏,若有意提高分数,老师扣分!							

您 所 操 作 的 机 床							
机床种类				工作行程(机动)X/Y/Z			
机床型号				铣刀名称及直径			
主电机功率				铣刀齿数			
主轴最高转速				主轴转速			

序号	工 艺 过 程 及 简 图	刀具	转速	走刀量	吃刀深度

四、V 形架评分标准（见表 4.6）

表 4.6　V 形架评分标准

姓名		学号		实习日期	自评分	老师评分		
序号	考核要求	配分	检测结果	评分标准	量具		扣分	得分
1	$52^{0}_{-0.1}$	8		超差 0.05 扣 2 分,超差 0.1 扣 4 分,以外不得分	游标尺或千分尺			
2	37 ± 0.2	5		超差 0.1 扣 2 分,超差 0.2 扣 4 分,以外不得分	游标尺			
3	56 ± 0.2	5		超差 0.1 扣 2 分,超差 0.2 扣 4 分,以外不得分	游标尺			
4	45 ± 0.2	5		超差 0.1 扣 2 分,超差 0.2 扣 4 分,以外不得分	游标尺或千分尺			
5	$90°\pm10'$	5		超差 10' 扣 3 分,以外不得分	万能角度尺,百分表,检测棒			
6	28 ± 0.2	5		超差 0.1 扣 2 分,超差 0.2 扣 4 分,以外不得分	游标尺,高度游标尺,检测棒			
7	$8\pm0.1\times1$ 深	2		超差 0.1 扣 1 分,以外不得分	游标尺			
8	$12^{+0.1}_{0}$ 槽	4		超差 0.1 扣 2 分,以外不得分	游标尺			
9	⌯ 0.15 | A	6		超差 0.1 扣 2 分,超差 0.2 扣 5 分,以外不得分	百分表,检测棒			
10	⊥ 0.05 | A | B	5		超差 0.1 扣 2 分,以外不得分	角度尺或百分表			
11	∥ 0.05 | C	5		超差 0.03 扣 2 分,以外不得分	百分表			
12	$Ra6.3$(10 处)	10		超差 1 处扣 1 分,超差 5 处不得分	粗糙度对照样板			
13	文明生产(工具摆放、设备保养)	5		工量具摆放差扣 2 分,设备、工具车保养及环境卫生差扣 3 分				
14	安全生产	5		违反操作规程扣 5 分				
15	实习报告	25		按工艺分析水平及态度评分				

实训项目二　铣削 V 形架综合件

一、工件及要求

V 形架综合件(如图 4.38)。

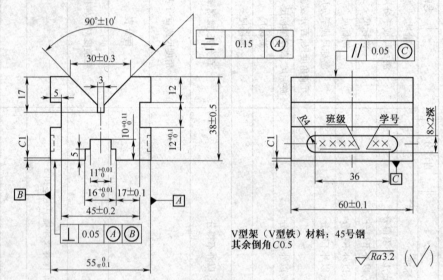

图 4.38　V 形架综合件工件图

二、操作步骤(略)

第5章 焊接加工

【目的和要求】

1. 了解焊条电弧焊的设备和工具。
2. 熟悉焊条电弧焊的焊接工艺。
3. 学会焊条电弧焊的操作技术。包括平焊、立焊、横焊、仰焊的焊接方法。
4. 熟悉切割原理、切割过程和金属气割条件。
5. 掌握焊接车间生产安全操作技术。

【安全操作规程】

1. 做好个人防护。焊工操作时必须按劳动保护规定穿戴防护工作服、绝缘鞋和防护手套,并保持干燥和清洁。焊接时必须使用电弧焊专用面罩,保护眼睛和脸部,同时注意避免弧光伤害他人。

2. 焊接工作前,应先检查设备和工具是否安全可靠。不允许未进行安全检查就开始操作。

3. 焊工在更换焊条时一定要戴电焊手套,不得赤手操作。在带电情况下,不要将焊钳夹在腋下而去搬动焊件或将电缆线绕挂在脖颈上。

4. 在特殊情况下(如夏天身上大量出汗,衣服潮湿时),切勿依靠在带电的工作台、焊件上或接触焊钳等,以防发生事故。在潮湿地点焊接作业;地面上应铺上橡胶板或其他绝缘材料。

5. 焊工推拉闸刀时,要侧身向着电闸,防止电弧火花烧伤面部。

6. 下列操作应在切断电源开关后才能进行:改变焊机接头;更换焊件需要改接二次线路;移动工作地点;检修焊机故障和更换熔断丝。

7. 焊接前,应将作业现场 10m 以内的易燃易爆物品清除或妥善处理,以防止发生火灾或爆炸事故。

8. 使用电灯照明时,其电压不应超过 36V。

9. 清渣时要注意焊渣飞出方向,防止焊渣烫伤眼睛和脸部;焊件焊后要用火钳夹持,不准直接用手拿,并应放在边缘固定地方;电弧焊工作场所的通风要良好。

10. 焊条、工具要放在固定地点;焊完的焊条头不能超过 40mm,并且不准乱扔,应丢在固定的角落,防止火灾和踩踏。

11. 工作完毕离开作业现场时须切断电源,清理好现场,特别是焊把线、搭铁线,应盘放整齐,防止留下事故隐患。

5.1 基 础 知 识

5.1.1 概述

在两电极间的气体介质中强烈而持久的放电现象称之为电弧。电弧放电时,一方面产生高温,同时产生强光。经测定,电弧的放电可分为三个温度不同的区域:阳极区、阴极区和弧柱区。其中阴极区温度约为 2400 ℃,阳极区温度约为 2600 ℃,而弧柱区的温度最高可达 6000~8000 ℃,

在此高温下,足以瞬间溶化任何熔点的金属材料,实现焊接(如图5.1)。

电弧焊就是利用电弧产生的高温熔化焊条和焊件,使两块分离的金属熔合在一起,从而获得牢固的接头(如图5.2)。

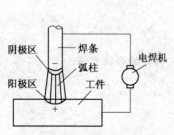

图5.1 电弧示意图

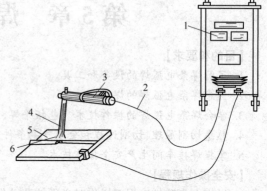

图5.2 焊条电弧焊焊接回路简图
1—电焊机;2—电缆;3—焊钳;4—焊条;5—焊件;6—电弧

电弧焊时,先将焊条与工件瞬时接触,随即将其轻轻提起(约2~4mm),在焊条和工件之间便会产生电弧,电弧所产生的高温使焊条药皮与焊芯及工件熔化,熔化的焊芯端部迅速地形成细小的金属熔滴,通过弧柱过渡到局部熔化的工件表面,融合一起形成熔池。药皮熔化过程中产生的气体和熔渣,不仅使熔池和电弧周围的空气隔绝,而且和熔化了的焊芯、母材发生一系列冶金反应,保证所形成焊缝的性能。随着电弧以适当的弧长和速度在工件上不断地前移,熔池液态金属逐步冷却结晶,形成焊缝。电弧焊的过程如图5.3所示。

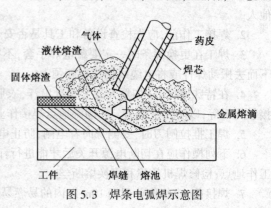

图5.3 焊条电弧焊示意图

5.1.2 焊机与焊条

1. 焊机及工具

(1)主要焊机:电弧焊的主要设备是电焊机,电弧焊时所用的电焊机实际上就是一种弧焊电源,按电流特性分为交流和直流两大类;按构造不同可分为弧焊变压器(交流)、直流弧焊机和弧焊整流器(直流)三种。不管哪种电弧焊机都应具有:下降的外特性、良好的电弧静特性和较灵活的电流调节性等特点。

(2)焊机型号:手工电弧焊机的型号是按统一规定编制的,一般用"汉语拼音字母 + 数字"来表示,其代表含义如下,BX1-330 交流电焊机:

330—表示额定电流(A)

1—产品序号

X—表示下降的外特性

B—表示变压器

(3)电焊工具:焊钳:它的作用是夹持焊条和传导电流。

面罩:它的作用是保护眼睛和面部,以免弧光的灼伤。

清渣锤和钢丝刷:用以清掉覆盖在焊缝上的焊渣。

2. 焊条

(1)焊条的组成和作用:焊条由焊芯和药皮组成。

1) 焊芯:焊芯是焊接专用的金属丝。焊接时焊芯的主要作用:一是作为一个电极起传导电流和引燃电弧的作用;二是熔化后作为填充金属与熔化后的母材一起形成焊缝。

2)药皮:压涂在焊芯表面的涂层称为药皮。药皮的主要作用是:

①机械保护作用,焊条药皮熔化后产生大量的气体,能在电弧区、熔池周围形成一个很好的保护层,防止空气中的氧、氮侵入,起到了保护熔化金属的作用。焊接过程中药皮被电弧高温熔化后形成熔渣覆盖着熔滴和熔池金属,这样不仅隔绝空气中的氧、氮,保护焊缝金属,而且还能减缓焊缝的冷却速度,促进焊缝金属中气体的排出,减少生成气孔的可能性,并能改善焊缝的成形和结晶,起到渣保护作用;

②冶金处理作用,通过熔渣与熔化金属冶金反应,除去有害杂质(如氧、氢、硫、磷)和添加有益的合金元素,使焊缝获得合乎要求的机械性能;

③改善焊接工艺性能,使电弧燃烧稳定、飞溅少、焊缝成形好、易脱渣和熔敷效率高等。

(2)电焊条的分类。

1)按性质分:根据焊条药皮的性质不同,焊条可以分为酸性焊条和碱性焊条两大类。药皮中含有多种酸性氧化物(TiO_2、SiO_2 等)的焊条称为酸性焊条。药皮中含有多种碱性氧化物(CaO、Na_2O 等)的焊条称为碱性焊条。

2)按用途分:按焊条的用途不同,焊条可分为结构钢焊条、不锈钢焊条、铸铁电焊条、耐热钢电焊条、低温电焊条、堆焊焊条、铜和铜合金、镍和镍合金、铝及铝合金焊条等。

(3)焊条的规格:焊条的规格由条芯直径大小决定,焊条直径的规格有 $\phi1.6$、$\phi2.5$、$\phi3.2$、$\phi4$、$\phi5$、$\phi6$ mm 几种,长度 2 00~550 mm 不等;表示方法为"直径×长度",例如:$\phi3.2×350$。

(4)焊条的牌号:焊条的牌号是焊条行业统一的焊条代号。常用焊条的牌号,以拼音字母后面加三个数字表示。牌号首位字母"J"或汉字"结"字表示结构钢焊条;后面第1、第 2 位数字表示熔敷金属抗拉强度的最小值(kgf/mm^2),第 3 位数字表示药皮类型和焊接电源种类,第 3 位数字后面按需要可加注字母符号表示焊条的特殊性能和用途。如 J422 含义为:

J—表示结构钢用途的电焊条。

42—表示焊缝的抗拉强度最低值为 42 kg/mm^2。

2—表示钛钙型药皮(酸性),交直流两用。

(5)焊条型号:型号是国家标准中的焊条代号。

焊条型号是按熔敷金属的抗拉强度,焊接位置和焊接电流种类划分,以英文字母 E 后面加四个数字表示。字母"E"表示焊条;前两位数字表示熔敷金属抗拉强度的最小值,单位为×10MPa;第三位数字表示焊条的焊接位置,"0"及"1"表示焊条适用于全位置焊接,"2"表示焊条只适用于平焊及平角焊,"4"表示焊条适用于向下立焊;第三位数字和第四位数字组合时,表示焊接电流种类及药皮类型。如 E4315 含义为:

E—表示焊条;

43—表示熔敷金属的抗拉强度最小值为 43kgf/mm^2(430MPa);

1—表示焊接位置为全位置焊接;

5—表示药皮类型低氢钠型,焊接电源为直流反接。

5.1.3　焊接工艺

1. 焊接接头设计

焊接接头设计包括焊接接头形式设计和坡口形式设计。

为了保证焊接强度,焊接接头处必须熔透。

坡口形式及其尺寸一般随板厚而变化,同时还与焊接位置、坡口加工方法以及工件材质等有关。当被焊工件较薄(板厚小于 6 mm)时,在焊接接头处只要留有一定间隙就能保证焊透。当焊件厚度大于 6 mm 时,必须将接口边缘加工成一定形状的坡口以保证焊透。坡口的基本形式和尺寸已经标准化,如 V 型、U 型、X 型坡口(如图 5.4)。

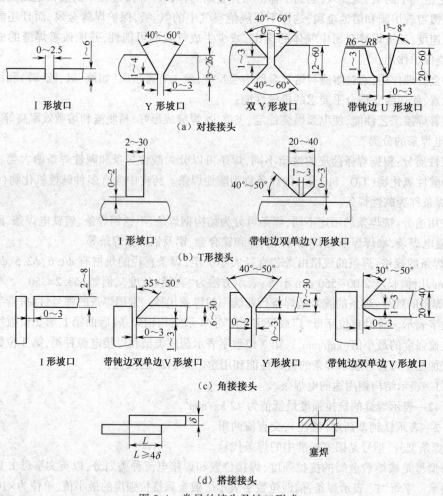

Ⅰ形坡口　　Y 形坡口　　双 Y 形坡口　　带钝边 U 形坡口

（a）对接接头

Ⅰ形坡口　　带钝边双单边 V 形坡口

（b）T 形接头

Ⅰ形坡口　　带钝边双单边 V 形坡口　　Y 形坡口　　带钝边双单边 V 形坡口

（c）角接接头

$L \geqslant 4\delta$　　塞焊

（d）搭接接头

图 5.4　常见的接头及坡口形式

2. 焊缝的形式

(1)根据施焊时焊缝在空间的位置不同,可分为平焊、立焊、横焊及仰焊(如图 5.5)。

平焊:水平面的焊接;

立焊:垂直平面,垂直方向上的焊接;

横焊:垂直平面,水平方向上的焊接;

仰焊:倒悬平面,水平方向上的焊接。

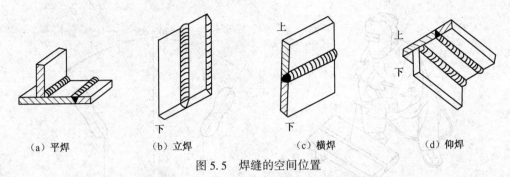

（a）平焊　　　（b）立焊　　　（c）横焊　　　（d）仰焊

图 5.5　焊缝的空间位置

（2）按焊接接头形式和焊接坡口形式，可分为对接接头、角接头、搭接接头、T 形接头等四种类型。

3. 焊接工艺参数及选择

焊接参数就是焊接时为保证焊接质量而选定的各项参数的总称。主要是焊条直径、焊接电流、焊接速度、角度和焊层数等。选择合适的焊接参数，对提高焊接质量和生产效率是十分重要的。

（1）焊条直径：焊条直径的选择与下列因素有关：焊件厚度、焊接位置、焊接层次、接头形式。

（2）焊接电流：焊接电流是焊条电弧焊最重要的焊接参数。选择焊接电流时，要考虑的因素很多，如焊条直径、药皮类型、工件厚度、接头类型、焊接位置等，其中最主要的是焊条直径、焊接位置。可根据经验公式计算焊接电流：$I = (25 \sim 60)d$，其中 d 为焊条直径（mm）。

（3）焊接速度：焊接速度的快慢一般凭焊工的经验来掌握的。

（4）焊条角度：焊接时工件表面与焊条所形成的夹角称为焊条角度。焊接时焊条与焊件之间的夹角应为 70°~80°，并垂直于前后两个面（如图 5.6）。

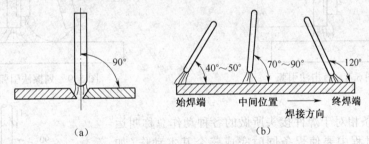

图 5.6　焊条角度

（5）焊层：在厚板焊接时，必须采用多层焊或多层多道焊。多层焊的前一层焊道对后一层焊道起预热作用，而后一层焊道对前一层焊道起热处理作用。有利于提高焊缝金属的塑性和韧性，因此，每层焊道的厚度不应大于 4~5 mm。

5.1.4　操作技术

1. 操作姿势

（如图 5.7）

2. 引弧

弧焊时，引燃焊接电弧的过程叫引弧。引弧的方法有敲击法和划擦法两种：

（1）敲击法：操作要领：焊条垂直于焊件，使焊条末端对准焊缝，然后将手腕下弯，使焊条轻碰

（a）蹲式操作姿势

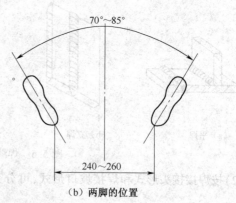

（b）两脚的位置

图 5.7　焊工平焊的操作姿势

焊件,引燃后,手腕放平,迅速将焊条提起,使弧长约为焊条外径的 1.5 倍,稍作"预热"后,压低电弧,使弧长与焊条内径相等,且焊条横向摆动,待形成熔池后向前移动(如图 5.8)。

（2）划擦法:操作要领:类似划火柴。先将焊条端部对准焊缝,然后将手腕扭转,使焊条在焊件表面上轻轻划擦,划的长度以 20~30mm 为佳,以减少对工件表面的损伤,然后将手腕扭平后迅速将焊条提起,使弧长约为所用焊条外径 1.5 倍,作"预热"动作,其弧长不变,预热后将电弧压短至与所用焊条直径相符。在始焊点作适量横向摆动,且在起焊处稳弧以形成熔池后进行正常焊接(如图 5.9)。

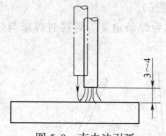

图 5.8　直击法引弧

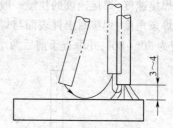

图 5.9　划擦法引弧

3. 运条

焊接时,焊条相对于焊件接头所做的各种动作总称叫运条。运条操作过程中要使焊条同时完成三个基本动作(如图 5.10):焊条向下送进运动、焊条沿焊缝纵向移动、焊条沿焊缝横向移动。正确运条是保证焊缝质量的基本因素之一,因此,每个焊工都必须掌握好运条这项基本动作。

常用的焊条电弧焊运条方法有以下几种:直线形、锯齿形、月牙形、三角形、圆圈形、"8"字形等。

4. 接头技术

（1）焊缝的连接方式:焊缝的连接方法一般有以下四种(如图 5.11):

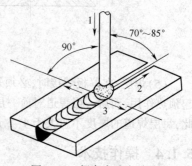

图 5.10　焊条角度与应用

①后焊焊缝的起头与先焊焊缝结尾相接[如图 5.11(a)]。这种焊缝连接是使用最多的一种。连接方法是在弧坑稍前约 10mm 处引弧,电弧长度比正常焊接略微长些,然后将电弧后移到弧坑 2/3 处,稍作摆动,再压低电弧,待填满弧坑后即向前转入正常焊接。在连接时,更换焊条的动作越

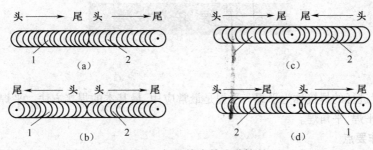

图 5.11　焊缝接头的四种情况

快越好,因为在熔池尚未冷却时进行焊缝连接(俗称热接法),不仅能保证接头质量,而且可使焊缝成形美观;

②后焊焊缝的起头与先焊焊缝起头相接[如图 5.11(b)]。

③后焊焊缝的结尾与先焊焊缝结尾相接[如图 5.11(c)]。

④后焊焊缝结尾与先焊焊缝起头相接[如图 5.11(d)]。

(2)焊道连接注意事项。

①接头时引弧应在弧坑前 10 mm 任何一个待焊面上进行,然后迅速移至弧坑处划圈进行正常焊。

②接头时应对前一道焊缝端部进行认真地清理工作,必要时可对接头处进行修整,这样有利于保证接头的质量。

5. 收尾

一根焊条焊完后,或一条焊缝焊完后,要及时断掉电弧,因此收弧也叫断弧。需要收弧时,只要抬高手臂,让焊条到工件的高度超过电弧的放电距离,电弧就会自然熄灭,焊接操作也就随之结束。焊接结束时,如果将电弧突然熄灭,则焊缝表面留有凹陷较深的弧坑会降低焊接收弧的强度,并容易引起弧坑裂纹。过快拉断电弧,液体金属中的气体来不及逸出,还易产生气孔等缺陷。为了克服弧坑缺陷,就必须采用正确的收尾方法,一般常用的收尾方法有三种。

(1)划圈收尾法:焊条移至焊缝终点时,作圆圈运动,直到填满弧坑再拉断电弧。此法适用于厚板收尾[如图 5.12(a)]。用于薄板则有烧穿焊件的危险。

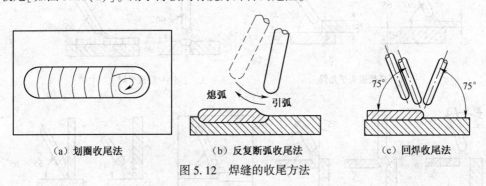

(a) 划圈收尾法　　　(b) 反复断弧收尾法　　　(c) 回焊收尾法

图 5.12　焊缝的收尾方法

(2)反复断弧收尾法:焊条移至焊缝终点时,在弧坑处反复熄弧,引弧数次,直到填满弧坑为止。此法一般适用于薄板和大电流焊接,不适应碱性焊条[如图 5.12(b)]。

(3)回焊收尾法:焊条移至焊缝收尾处即停住,并改变焊条角度回焊一小段(约 5mm)距离,待填满弧坑后,慢慢拉断电弧。此法适用于碱性焊条[如图 5.12(c)]。

5.2 焊 接 方 法

5.2.1 平焊

在平焊位置进行的焊接称为平焊。平焊是最常应用、最基本的焊接方法。平焊根据接头形式不同,分为对接平焊、平角焊。

1. 平焊操作要点

(1)焊缝处于水平位置,故允许使用较大电流,较粗直径焊条施焊,以提高劳动生产率;

(2)尽可能采用短弧焊接,可有效提高焊缝质量;

(3)控制好运条速度,利用电弧的吹力和长度使熔渣与液态金属分离,有效防止熔渣向前流动;

(4)T形、角接、塔接平焊接头,若两钢板厚度不同,则应调整焊条角度,将电弧偏向厚板一侧,使两板受热均匀;

(5)多层多道焊应注意选择层次及焊道顺序;

(6)根据焊接材料和实际情况选用合适的运条方法。

对于不开坡口平对接焊,正面焊缝采用直线运条法或小锯齿形运条法,熔深可大于板厚的2/3,背面焊缝可用直线也可用小锯齿形运条,但电流可大些,运条速度可快些。

对于开坡口平对接焊,可采用多层焊或多层多道焊,打底焊宜选用小直径焊条施焊,运条方法采用直线形、锯齿形、月牙形均可。其余各层可选用大直径焊条,电流也可大些,运条方法可用锯齿形、月牙形等。

对于T形接头、角接接头、搭接接头可根据板厚确定焊角高度,当焊角尺寸大时宜选用多层焊或多层多道焊。对于多层单道焊,第一层选用直线运条,其余各层选用斜环形、斜锯齿形运条。对于多层多道焊易选用直线形运条方法。

(7)焊条角度(如图5.13)。

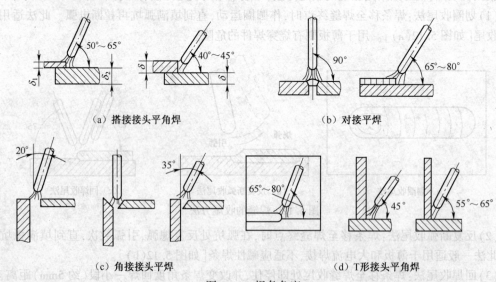

（a）搭接接头平角焊 （b）对接平焊

（c）角接接头平焊 （d）T形接头平角焊

图 5.13 焊条角度

2. 对接平焊

（1）薄板对接平焊：当板厚小于 6 mm 的板对接接头，一般采用 I 形坡口双面焊。焊接正面焊缝时，采用短弧焊接，使熔深为焊件厚度的 2/3，焊缝宽度 5~8 mm，余高应小于 1.5 mm。

焊接时，若发现熔渣和液态金属混合不清，可把电弧稍微拉长些，同时将焊条前倾，并做往熔池后面推送熔渣的动作，即可把熔渣推送到熔池后面去（如图 5.14）。

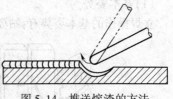

图 5.14　推送熔渣的方法

（2）厚板对接平焊：当板厚超过 6 mm 时，由于电弧的热量较难深入到 I 形坡口根部，必须开 V 形坡口或 X 形坡口，可采用多层焊或多层多道焊。

多层焊时，第一层应选用直径较小的焊条，运条方法应根据焊条直径与坡口间隙而定，间隙小时可采用直线形，间隙大时可采用直线往返形运条方法。其他各层焊接时，每层的焊缝接头必须错开 50 mm。

3. T 形接头平角焊

（1）单层焊

单层焊采用直线形运条法，焊条角度（如图 5.15）。

（2）多层焊（二层二道焊）

焊接第一层焊缝的运条方法和焊条角度等与单层焊相同。焊接第二层焊缝可采用斜锯齿形或斜圆圈形运条方法（如图 5.16）。

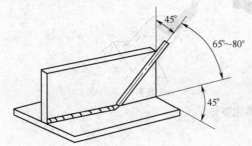

图 5.15　T 形接头单层焊的焊条角度

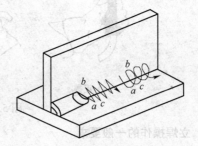

图 5.16　T 形接头多层焊的运条方法

（3）多层多道焊。焊脚尺寸为 8~12 mm 时宜采用二层三道焊，焊第一层的焊接方法同单层焊，第二层的二、三道焊缝都采用直线形运条法，焊条角度（如图 5.17）。焊接第二道焊缝要覆盖第一层焊缝 2/3 左右，焊接时运条要平稳，焊接第三道焊缝要覆盖第二道焊缝 1/3~1/2 左右。

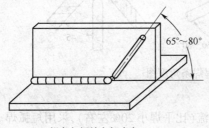

（a）焊条与焊缝之间夹角

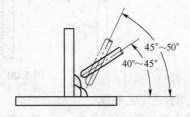

（b）焊条与底板之间夹角

图 5.17　T 形接头多层多道焊的焊条角度

5.2.2　立焊

立焊是指与水平面相垂直的立位焊缝的焊接称为立焊。根据焊条的移动方向，立焊焊接方法可分为二类:一类是自上向下焊,需特殊焊条才能进行施焊,故应用少。另一类是自下向上焊,采用一般焊条即可施焊,故应用广泛。

1. 立焊操作的基本姿势

(1)基本姿势

立焊操作的基本姿势有:站姿、坐姿、蹲姿(如图5.18)。

(a)站姿 (b)坐姿 (c)蹲姿

图 5.18 立焊操作姿势

(2)握钳方法

握钳方法有:正握、平握、反握(如图5.19)。

(a)正握 (b)平握 (c)反握

图 5.19 立焊握钳姿势

2. 立焊操作的一般要求

(1)保证正确焊条角度

一般情况焊条角度向下倾斜60°~80°,电弧指向熔池中心(如图5.20)。

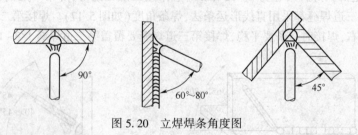

图 5.20 立焊焊条角度图

(2)选用合适工艺参数

选用较小焊条直径(<φ4.0 mm),较小焊接电流(比平焊小20%左右),采用短弧焊。焊接时要特别注意对熔池温度控制,不要过高,可选用灭弧焊法来控制温度。

(3)定位焊

定位焊采用φ3.2 mm 的焊条,在试件反面距两端20 mm 之内进行,焊缝长度为10~15 mm。

(4)选用正确运条方法

一般情况可选用锯齿形、月牙形、三角形运条方法。当焊条运至坡口两侧时应稍作停顿,以增加焊缝熔合性和减少咬边现象发生(如图 5.21)。

表 5.1 为 V 形坡口立对接焊接参数。

表 5.1　V 形坡口立对接焊接参数

焊接层数	焊条直径/mm	焊接电流/A	焊接电压/V
打底层	3.2	90~110	22~24
填充层(1、2)	4.0	100~120	22~26
盖面层	4.0	100~110	22~24

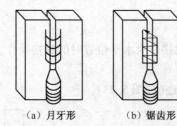

(a) 月牙形　　　(b) 锯齿形　　　(c) 三角形

图 5.21　立对接焊运条方法

ⓐ打底层的焊接:打底层焊道就是正面第一层焊道,焊接时应选用直径 3.2 mm 的焊条。根据间隙大小,灵活运用操作手法,如果为使根部焊透,而背面又不致产生塌陷,这时在熔池上方要熔穿一个小孔,其直径等于或稍大于焊条直径。采用小月牙形、锯齿形或跳弧焊法。不论采用哪一种运条法,如果运条到焊道中间时不加快运条速度,熔化金属就会下淌,使焊道外观不良。当中间运条过慢而造成金属下淌后,形成凸形焊道,会导致施焊下一层焊道时产生未焊透和夹渣。

ⓑ填充层的焊接:首先对打底焊缝仔细清渣,应特别注意死角处的焊渣清理。采用横向锯齿形或月牙形运条法摆动。焊条摆动到两侧坡口处要稍作停顿,以利于熔合及排渣,并防止焊缝两边产生死角。运条时,焊条与试件的下倾角为 70°~80°。第二层填充层焊接质量一方面要使各层焊道凸凹不平的成形在这一层得到调整,为焊好表面层打好基础;另一方面,这层焊道一般应低于焊件表面 1 mm 左右,而且焊道中间应有些凹,以保证表层焊缝成形美观。

ⓒ表面层的焊接:表层焊缝即多层焊的最外层焊缝,应满足焊缝外形尺寸的要求。运条方法可根据对焊缝余高的不同要求加以选择。如要求余高稍大时,焊条可作月牙形摆动;如要求稍平时,焊条可作锯齿形摆动。运条速度要均匀,摆动要有规律。有时候表面层焊缝也可采用较大电流,在运条时采用短弧,使焊条末端紧靠熔池快速摆动,并在坡口边缘稍作停留,这样表层焊缝不仅较薄,而且焊波较细,平整美观。

3. 焊接时注意事项

(1)焊接时注意对熔池形状观察与控制。若发现熔池呈扁平椭圆形[如图 5.22(a)],说明熔池温度合适。熔池的下方出现鼓肚变圆时[如图 5.22(b)]则表明,熔池温度已稍高,立即调整运条方法。

(a) 正常　　　(b) 温度稍高　　　(c) 温度过高

图 5.22　熔池形状与温度的关系

若不能将熔池恢复到偏平状态,反而鼓肚有扩大的趋势[如图 5.22(c)],则表明熔池温度已过高,不能通过运条方法来调整温度,应立即灭弧,待降温后再继续焊接。

(2)握钳方法可根据实际情况和个人习惯来确定,一般常用正握法。

(3)采用跳弧焊时,为了有效地保护好熔池,跳弧长度不应超过 6 mm。采用灭弧焊时,在焊接初始阶段,因为焊件较冷,灭弧时间短些,焊接时间可长些。随着焊接时间延长,焊件温度增加,灭弧时间要逐渐增加,焊接时间要逐渐减短。这样才能有效地避免出现烧穿和焊瘤。

(4)立焊是一种比较难的焊接位置,因此在起头或更换焊条时,当电弧引燃后,应将电弧稍微拉长,对焊缝端头起到预热作用后再压低电弧进行正式焊接。当接头采用热接法时,因为立焊选用的焊接电流较小、更换焊条时间过长、接头时预热不够及焊条角度不正确,造成熔池中熔渣、铁水混在一起,接头中产生夹渣和造成焊缝过高现象。若用冷接法,则应认真清理接头处焊渣,于待焊处前方 15 mm 处起弧,拉长电弧,到弧坑上 2/3 处压低电弧作划半圆形接头。立焊收尾方法较简单,采用反复点焊法收尾即可。

5.2.3 横焊

横对接焊是指对接接头焊件处于垂直而接口为水平位置时的焊接操作。

1. 基本操作

(1)不同运条方法的焊条角度及运动轨迹(如图 5.23)。

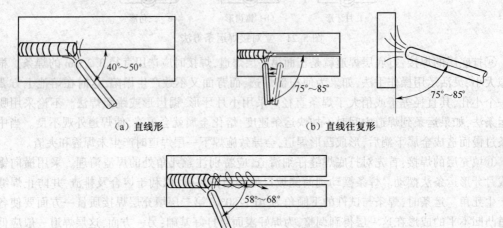

(a) 直线形   (b) 直线往复形

（c）斜圆圈形

图 5.23　焊条角度及运动轨迹

(2)焊接参数

要选用较小直径的焊条,直径 $\phi 3.2$、$\phi 4$ 为准。焊条的选择以 E4303、E5015 为主,小的焊接电流,多层多道焊,短弧操作。

表 5.2 为 V 形坡口对接横焊焊接参数。

表 5.2　V 形坡口对接横焊焊接参数

焊接层次	焊条直径/mm	焊接电流/A	电弧电压/V
打底焊第一层(1)		90~110	22~24
填充焊第二层(3、4)	3.2	100~120	22~26
盖面焊第四层(5、6、7)		100~110	22~24

(3)定位焊

定位焊采用 $\phi 3.2$ 的焊条,在试件反面距两端 20 mm 之内进行,焊缝长度为 10~15 mm。

（4）焊接

1）焊道分布

单面焊，四层七道。

2）焊接位置

试板固定在垂直面上，焊缝在水平位置，间隙小的一端放在左侧。

3）打底焊

焊接时在始焊端的定位焊缝处引弧，稍作停顿预热。然后上下摆动向右施焊，待电弧到达定位焊缝的前沿时，将焊条向试件背面压，同时稍停顿。这时可以看到试板坡口根部被熔化并击穿，形成了熔孔，此时焊条可上下作锯齿形摆动。

收弧的方法是，当焊条即将焊完，需要更换焊条收弧时，将焊条向焊接的反方向拉回 1 ~ 1.5 mm，并逐渐抬起焊条，使电弧迅速拉长，直至熄灭。这样可以把收弧缩孔消除或带到焊道表面，以便在下一根焊条焊接时将其熔化掉。

4）填充焊

填充层在施焊前，先将打底层的焊渣及飞溅清除干净，焊缝接头过高的部分应打磨平整，然后进行填充层焊接。第一层填充焊道为单层单道，焊条的角度与填充层相同，但摆幅稍大些。

焊第一层填充焊道时，必须保证打底焊道表面及上下坡口面处熔合良好，焊道表面平整。

第二层填充焊有两条焊道。

焊第二层下面的填充焊道时，电弧对准第一层填充焊道的下沿，并稍摆动，使熔池能压住第二层焊道的 1/2 ~ 2/3。

焊第二层上面的填充焊道时，在电弧对准第一层填充焊道的上沿时稍摆动，使熔池正好填满空余位置，使表面平整。

当填充层焊缝焊完后，其表面应距下坡口表面约 2 mm，距上坡口约 0.5 mm，不要破坏坡口两侧棱边，为盖面层施焊打好基础。

5）盖面焊

在盖面层施焊时，掌握好焊条与试件的角度。焊条与焊接方向的角度与打底焊相同，盖面层焊缝共三道，依次下往上焊接。

在焊盖面层时，焊条摆幅和焊接速度要均匀，并采用较短的电弧，每条盖面焊道要压住前一条填充焊道的 2/3。

在焊接最下面的盖面焊道时，要注意观察试板坡口下边的熔化情况，保持坡口边缘均匀熔化，并避免产生咬边、未熔合等现象。

在焊中间的盖面焊道时，要控制电弧的位置，使熔池的下沿在上一条盖面焊道的 1/3 ~ 2/3 处。

上面的盖面焊道是接头的最后一条焊道，操作不当容易产生咬边，铁液下淌。在施焊时，应适当增大焊接速度或减小焊接电流，将铁液均匀地熔合在坡口的上边缘。适当地调整运条速度和焊条角度，避免铁液下淌、产生咬边，以得到整齐、美观的焊缝。

（5）操作要领

1）起头。在板端 10 ~ 15 mm 处引弧后，立即向施焊处长弧预热 2 ~ 3 s，转入焊接（如图 5.24）。

2）根据工艺参数对照表，选择适当的运条方法，保持正确的焊条角度，均匀稍快的焊速，熔池形状保持较为明显，避免熔渣超前，同时全身也要随焊条的运动倾斜或移动并保持稳定协调。

3）当熔渣超前，或有熔渣覆盖熔池形状倾向时，采用拨渣运条法。

4）焊接中电弧要短，严密监视熔池温度即母材熔化情况，若熔池内凹或铁水下趟，要及时灭弧，转灭弧和连弧相结合运条，以防烧穿和咬边（如图 5.25）。焊道收尾处时，采用灭弧法填满弧坑。

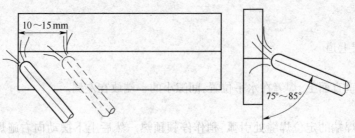

图 5.24　横焊起头

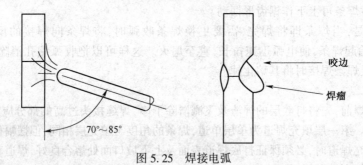

图 5.25　焊接电弧

5)接头要领参照起头。

2. 注意事项

(1)当焊缝上部凹或有咬边时,可再焊一道或两道,成为单层多道焊(如图 5.26)。

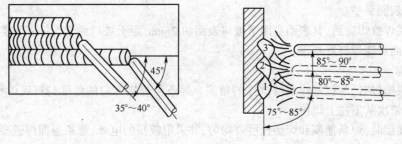

图 5.26　焊道

(2)若焊缝的承载力较大,可先焊一层直且低或平于母材表面的薄底,再以多道焊盖面的方法焊接,第一道将焊条中心对准打底焊缝的底边进行施焊,焊速要均匀,焊道控制要直,才能保证后几道焊道和整个焊缝的美观。

(3)表面层多道焊时,每道焊道焊后不要马上敲渣,要等待表面焊缝成形之后,一起敲除熔渣,这样有利于表面焊缝成形及保持表面的金属光泽。

(4)每条焊道之间的搭接要适宜,避免脱节、夹渣及焊瘤等缺陷。

(5)焊接过程中,保持熔渣对熔池的保护作用,防止熔池裸露而出现较粗糙的焊缝波纹。

5.2.4　仰焊

仰焊是指焊条位于焊件下方,焊工仰视焊件所进行的焊接。焊工仰视焊接过程,是消耗体能和操作难度最大的焊接位置。

1. 操作要领

1)焊条选择以 E4303,直径 $\phi 3.2$、$\phi 4$ 为准。

2）仰焊过程中必须短弧焊接；熔池体积尽可能小一些；焊道成形应该薄而平。

3）两脚成半开步站立，反握焊钳，头部左倾注视焊接部位。为减轻臂腕的负担，往往将焊接电缆搭在临时设置的挂钩上。

2. 运条方法

不同运条方法的焊条角度及运动轨迹（如图 5.27）。

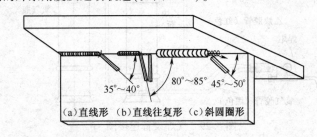

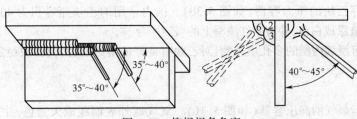

图 5.27　仰焊焊条角度

5.3　其他焊接方法的简介

5.3.1　气焊

气焊是利用可燃性气体和氧气混合燃烧所产生的火焰，来熔化工件与焊丝进行焊接的一种焊接方法（如图 5.28）。

气焊通常使用的可燃性气体是乙炔（C_2H_2），氧气是气焊中的助燃气体。乙炔用纯氧助燃，与在空气中燃烧相比，能大大提高火焰的温度。乙炔和氧气在焊炬中混合均匀后，从焊嘴喷出燃烧，将工件和焊丝熔化形成熔池，冷凝后形成焊缝。

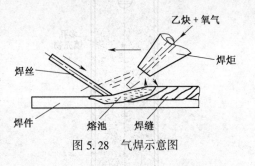

图 5.28　气焊示意图

气焊的主要优点是设备简单、操作灵活方便、不需要电源、火焰的温度比较低（最高约3 150 ℃）、易于实现单面焊双面成型等，但存在热量分散、生产率低、接头变形大和不易自动化等缺陷。

气焊主要用于焊接厚度在 3mm 以下的薄钢板，铜、铝等有色金属及其合金，以及铸铁的补焊等，此外也适应于没有电源的野外作业。

1. 气焊设备

气焊设备及连接方式（如图 5.29）。气焊设备主要包括氧气瓶、氧气减压阀、乙炔瓶、乙炔减压阀、回火防止器、焊炬橡皮管等。

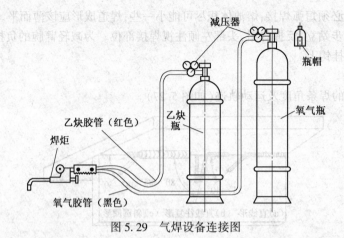

图 5.29　气焊设备连接图

（1）乙炔瓶

乙炔瓶是储存乙炔的压力容器（如图 5.30）。国内常用的乙炔瓶容积为 40 L，工作压力为 1.5 MPa，外表面被涂成白色，并有用红漆写上的"乙炔"字样。

在瓶体内装有浸满丙酮的多孔填充物，对乙炔有良好的溶解能力，使乙炔稳定而安全地储存在瓶内。

（2）氧气瓶

氧气瓶是储运氧气的高压容器（如图 5.31）。氧气瓶外表面漆成天蓝色，并用黑漆写上"氧气"字样。常用的氧气瓶容积为 40 L，最大压力为 15 MPa。

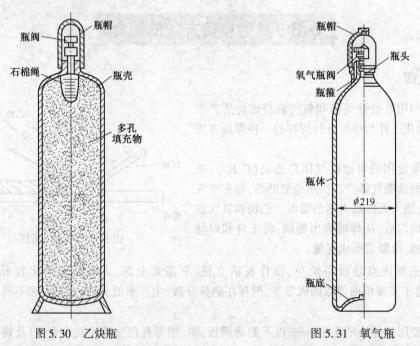

图 5.30　乙炔瓶　　　　　　　　　　图 5.31　氧气瓶

由于氧气的助燃作用很大，保管和使用时应防止沾染油脂；放置时必须平稳可靠，不能与其他气瓶混在一起；不许暴晒和敲打。气焊工作地和其他火源要距氧气瓶 5 m 以上。

（3）减压器

减压器是用来将氧气瓶（或乙炔瓶）中的高压氧气（或乙炔）降低到焊炬需要的工作压力，并保持焊接过程中压力基本稳定的调节装置。

1）减压器的作用

工作时需用减压器降为工作所需压力（氧气的工作压力一般为 0.1~0.4 MPa，乙炔的工作压力最高不超过 0.15 MPa），并保持工作时压力稳定。

2）减压器操作

氧气减压器（如图 5.32）。使用减压器时，先缓慢打开氧气瓶（或乙炔瓶）阀门，然后旋转减压器调压手柄，待压力达到所需值为止。停止工作时，先松开调压螺钉，再关闭氧气瓶（或乙炔瓶）阀门。

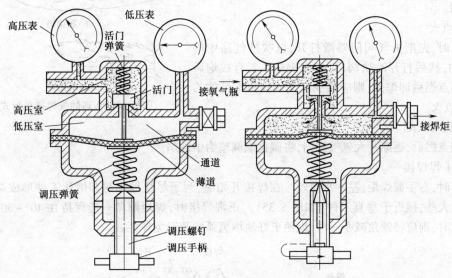

图 5.32 氧气减压器

（4）焊炬

焊炬的作用是将乙炔和氧气按一定比例均匀混合，由焊嘴喷出，点火燃烧，产生稳定气体的火焰。（如图 5.33）。工作时，先打开氧气阀门，后打开乙炔阀门，使两种气体便在混合管内均匀混合，并从焊嘴喷出，点火后即可燃烧。控制各阀门的大小，可调节氧气和乙炔的不同混合比，每只焊炬配有 5 只不同孔径的焊嘴供选用。

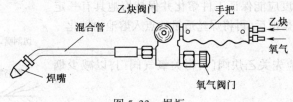

图 5.33 焊炬

2. 气焊火焰

操作时调节焊炬的氧气阀门和乙炔阀门，改变两者的混合比例，可得到三种不同性质的火焰（如图 5.34）。

（1）中性焰（正常焰）

氧气与乙炔的混合比为 1.1~1.2 时燃烧所形成的火焰。适用于焊接低碳钢、中碳钢、低合金钢、纯铜和铝等金属材料。

（2）碳化焰

氧气与乙炔的混合比小于 1.1 时燃烧所形成的火焰。适用于焊接高碳钢、铸铁和硬质合金等材料。

（3）氧化焰

氧气与乙炔的混合比大于 1.2 时燃烧所形成的火焰。适用于焊接黄铜等。

3. 气焊的基本操作

气焊的基本操作有点火、调节火焰、焊接和熄火等几个步骤。

（1）点火

点火时，先把氧气阀门略微打开，以吹掉气路中的残留杂物，然后打开乙炔阀门，点燃火焰。若有放炮声或者火焰点燃后即熄灭，则应减少氧气或放掉不纯的乙炔，再行点火。

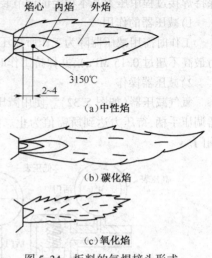

图 5.34　板料的气焊接头形式

（2）调节火焰

火焰点燃后，逐渐开大氧气阀门，将碳化焰调整为中性焰。

（3）平焊焊接

气焊时，右手握焊炬，左手拿焊丝。在焊接开始时，为了尽快地加热和熔化工件形成熔池，焊炬倾角应大些，接近于垂直工件（如图 5.35）。正常焊接时，焊炬倾角一般保持在 40°~50° 之间。焊接结束时，则应将倾角减小一些，以便更好地填满弧坑及避免焊穿。

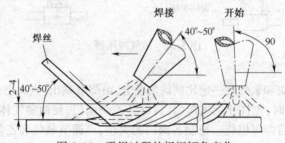

图 5.35　平焊过程的焊炬倾角变化

焊炬向前移动的速度应能保证工件熔化并保持熔池具有一定的体积。工件熔化形成熔池后，再将焊丝适量地点入熔池内熔化。

（4）熄火

工件焊完熄火时，应先关乙炔阀门，再关氧气阀门，以减少烟尘和避免发生回火。

5.3.2　气割

气割是利用高温的金属能在纯氧中燃烧而将工件分离的加工方法。

气割时，先用火焰将金属预热到燃点，再用高压氧使金属燃烧，并将燃烧所生成的氧化物熔渣吹走，形成切口（如图 5.36）。金属燃烧时放出大量的热，又预热待切割的部分，所以切割的过程是预热→燃烧→去渣形成切口不断重复进行的过程。

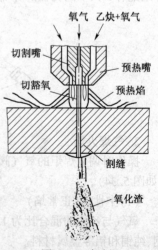

图 5.36　气割

1. 气割的条件

(1)金属的燃点应低于本身熔点。这是金属氧气切割的基本条件。

(2)燃烧生成的金属氧化物的熔点应低于金属本身的熔点,且要流动性好。

(3)金属在燃烧时要释放出大量的热,且金属的热导性要低。这就保证了下层金属有足够的预热温度,有利于切割过程不间断地进行。

能满足上述条件的金属材料是低碳钢、中碳钢和普通低合金钢均能采用氧气切割。而高碳钢、铸铁、不锈钢、铝、铜及其合金等不易用氧气切割。

2. 气割的设备与工具

主要包括氧气瓶、乙炔瓶、减压器、割炬等。

割炬的结构(如图5.37)。割炬与焊炬相比,增加了输送切割氧气的管道和阀门,割嘴的结构与焊嘴也不相同。割嘴的出口有两条通道,周围的一圈是乙炔与氧气的混合气体出口,中间的通道为切割氧的出口,两者互不相通。

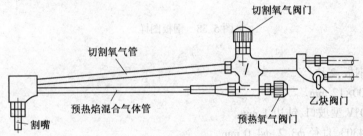

图5.37　割炬

3. 气割的基本操作

(1)气割前准备

1)气割前要检查场地安全,工件应该垫高,不要把工件放在水泥地面上切割,应在水泥地面上垫钢板。

2)清理工件表面带有的铁锈、氧化皮、机油、漆等。

3)在工件上划好气割线。

(2)气割基本动作

1)操作人员双脚成外八字形,蹲在工件的一侧,右臂靠右膝,左臂在两膝之间。

2)右手握住割炬手柄,拇指和食指握住预热氧调节阀。

3)左手拇指和食指握住切割氧调节阀,其他三个手指平稳地拖住射吸管,握住方向,并与割嘴垂直。

4)两眼注视气割线和割嘴,沿气割线从右向左气割。

(3)气割基本操作

1)气割开始时,用预热火焰将起割处的金属预热到燃烧温度(燃点)。

2)向被加热到燃点的金属喷射切割氧,使金属剧烈地燃烧。

3)金属燃烧氧化后生成熔渣并产生反应热,熔渣被切割氧吹除。

实训项目一　平对接焊

一、工件及要求

1. 钢板图样(如图5.38)

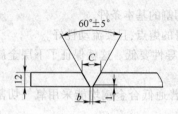
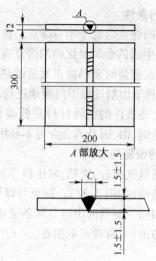

图 5.38　钢板图样

2. 材料准备

材料:Q235 钢板,2 块。

尺寸:300×100×12 mm。

坡口尺寸:60°V 型坡口,钝边 1 mm。

焊接材料:E4303,直径 φ3.2、φ4.0 mm。

焊机:交流电焊机。

3. 焊接要求

单面焊双面成形。

焊接位置:平焊。

二、焊件装配

1. 清除坡口面及两侧 20 mm 范围内的油、锈、水分及其他污物,至露出金属光泽。

2. 装配:

(1)装配间隙:始端为 3 mm,终端为 4 mm。

(2)焊前的点固:采用与焊接相同的 E4303 焊条进行定位焊,在焊件反面两端点焊,焊点长度为 10~15mm。

(3)预置反变形量 3°~4°。

(4)错边量≤1.2 mm。

三、评分标准(见表 5.3)

表 5.3　评分表(平对接单面焊双面成型)

项目及技术要求		配分	检测结果	评分标准	得分
正面焊缝	焊缝增高量 0~3 mm	10		每超差 1mm 扣 3 分(累计长 10mm 为一段)	
	高度差≤2 mm			超 1 mm 扣 3 分	
	焊缝宽度 18±2 mm,宽窄差≤3 mm	12		每超差 1 mm 扣 4 分 每超差 1 mm 扣 4 分	

续表

项目及技术要求		配分	检测结果	评分标准	得分
正面焊缝	不直度≤2 mm			每超 1 mm 扣 4 分	
	外观成型			接头脱节或超高≤2 mm,超差一处扣 2 分,焊接成型差扣 2 分	
焊接缺陷	咬边深度小于 0.5 mm	8		大于 0.5 mm 扣 2 分(累计长 10 mm 为一段)	
	无气孔无焊瘤无夹渣	12		每个扣 3 分	
	未熔合	7		每长 10 mm 内,扣 3 分	
	无裂纹			有,扣本项全分	
背面焊缝	焊缝增高量 0~3 mm	8		每超差 1 mm 扣 3 分(累计长 10 mm 为一段)	
焊接缺陷	无裂纹			有,扣本项全分	
	未焊透小于 0.5 mm	7		大于 0.5 mm 扣 2 分(累计长 10 mm 为一段)	
	无气孔无焊瘤	12		气孔、焊瘤、夹渣每个扣 3 分	
焊后变形	角变形	6		>3°扣 3 分	
	错变量			>1.3 mm 扣 3 分	
其他	电弧擦伤	4		每处扣 2 分	
	工作清理			试件清理不干净扣 2 分	

实训项目二　管子对接焊

一、工件及要求

1. 图样(如图 5.39)

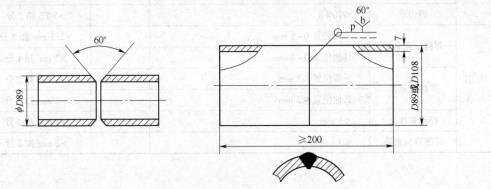

图 5.39　管对接焊训练图样

2. 材料准备

材料:Q235 钢管,2 节。

尺寸:ϕ85~100×100 mm,壁厚 7 mm。

坡口尺寸:60°V 型坡口,钝边 0.5~1 mm。

焊接材料:E4303。

焊机:ZX7-250ST。

3. 焊接要求

单面焊双面成形。

焊接位置:全位置焊。

二、焊件装配

1. 清除坡口面及两侧 20 mm 范围内的油、锈、水分及其他污物,至露出金属光泽。

2. 装配:

(1)装配间隙为 2~3 mm。

(2)定位焊:沿圆周均分 3 个定位焊点,焊点长度为 10~15 mm 左右,要求焊透并不得有焊接缺陷。

(3)错边量≤1 mm。

三、评分标准(见表 5.4)

表 5.4 评分表(管对接单面焊双面成型)

项目	缺陷名称	技术要求	缺陷状况	评分标准	得分
外观缺陷检查	裂纹、焊瘤、未熔合	不允许		出现该缺陷扣45分	
	咬边	深度≤0.5 mm,两侧咬边总长不超过焊缝长度的20%		按缺陷长度比例扣2~5分	
	未焊透	深度≤15%S 且≤1.5 mm,总长度不超过焊缝长度的10%,(CO_2 焊打底不允许未焊透)		按缺陷长度比例扣2~5分	
	背面凹坑	深度≤20%S 且≤2 mm,总长度不超过焊缝长度的10%		按缺陷长度比例扣2~5分	
	表面气孔	允许≤2 mm 的气孔 4 个		每个扣2分	
	夹渣	深≤0.1S,长≤0.3S,不超过3个		每个扣3分	
	错边量	≤10%S		>5%S 扣2分	
外形尺寸	焊缝正面余高	平焊位置 0~3 mm		>2.5 mm 扣2分	
		其他位置 0~4 mm		>3 mm 扣1分	
	焊缝余高差	平焊位置≤2 mm		>1 mm 扣2分	
		其他位置≤3 mm		>2 mm 扣1分	
	焊缝宽度差	≤3 mm		>2 mm 扣2分	
	焊缝背面余高	≤3 mm		>2 mm 扣2分	

附　件

附件一　学生入实训区实习管理制度

1. 上岗前必须接受安全教育、学习所学工种的"操作规程"、务必完成安全教育作业,安全教育作业合格才可以上岗,在实训期间严格遵守安全操作规程,防止人身及设备事故的发生。

2. 听从指导教师的指导,服从教师的学习安排,专心听课,认真做笔记,专心操作,勤学苦练,尽早掌握本工种的操作技能,不做与上课内容无关的事,努力学习理论知识和操作技能。

3. 指导教师在演示操作时,同学们要认真观察,不懂要问清楚,但不得大声喧哗。

4. 了解自已操作的设备的开关性能、手柄作用,在了解、未有把握使用设备的情况下,严禁启动设备。

5. 要按照教师分配的位置(工位)进行练习,不得串岗,更不允许私开其他设备。

6. 进入实训区要遵守衣帽穿着规定,严禁穿拖鞋和背心进入。

7. 遵守上课纪律,不迟到、早退、中途换岗位,禁止在实训区内追逐打闹嬉戏、吃零食、乱丢杂物。

8. 爱护公物、设备、量具、工具,不得私自带工具、量具出车间。

9. 下课前要全面清扫、保养设备,收拾好工具、量具、材料,毛坯、制品按指定地方堆放,确保实训区的整洁、卫生,并关电、关灯、关门窗、关水关风扇,填交教学日志。

10. 学习要积极主动,及早熟悉设备,学会保养方法,掌握产品的加工工艺。

11. 禁止两人同时操作一台机床,如安排两人一台设备时,应轮流使用,一人操作一人在旁学习。

12. 注意用电安全,不能随意拆电掣开关,严防机械设备的工伤。设备在旋转或在直线运动中仍未停下时,不得用手摸工件;卡盘上的卡盘匙或夹头上的板手未摘下时,不能启动设备。

附件二　安全生产和文明生产

安全、文明生产是现代化生产的需要,是保证企业生产顺利进行的必备条件,是保证企业生产合格产品的重要措施,同学们也应该在这样的氛围中实训。

一、安全生产的基本要求

1. 操作前应穿好工作服,长头发的同学要戴好工作帽,长发或辫子要塞入工作帽内,不准戴手套工作。

2. 工件和刀具要装夹牢固。

3. 开机前,应检查机床各部分机构是否完好,各转动手柄、变速手柄位置是否正确,以防开机时突然撞击而损坏机床,开机后,应使机床低速运行 1~2 min,使润滑油渗到各需要位置,待机床运转正常后才能进行正常切削。

4. 工作时,操纵位置要正确,不能站在切屑飞出的方向察看工件,不得站在工作台前面,防止工件落下伤人。

5. 开动机床时一定要前后照顾,避免机床伤人或损坏工件和设备,开动机床后,决不允许擅自离开机床,若发现机床不正常或发出怪声,应立即停机检查。

6. 严禁在机床运行时进行齿轮变速、调整行程长度,清除切屑、测量工件等。

7. 不准用手触摸工件表面,也不准用手或用嘴吹除切屑,应使用专门工具或刷子,以免把手割伤或被碎末迷眼。

8. 操作插床、刨床时,头不要伸进滑枕行程以内,以免发生严重工伤事故。

9. 机床电线不得裸露,一切开关、按键必须有良好的绝缘,并要正确使用。电源突然中断或发生故障时,应先迅速停机,关闭电源开关,再及时报告教师修理,不得擅自维修。

10. 拆卸大型机件时,要有足够的人力去搬移,人力搬移有困难时,应使用吊装机械,操作前,要检查吊钩钢丝是否完好,捆扎结实后再起吊,并要吊在中心,不能斜吊,以免机件落下伤人。在吊运过程中,工件离地面不要过高,一般应不超过 1 m。

11. 不准随便挪动消防器材;不得随意用火,严防火灾事故。

二、文明生产的基本要求

1. 在实习过程中,要严格按图样、工艺、操作规程进行操作。

2. 图样、实习报告应放置在便于观看的位置,注意保持图样、实习报告的清洁和完整。

3. 严禁在工作台上、平口钳上和横梁导轨上敲击和校直工件,也不准在工作台上堆放工具、量具和工件。

4. 工作时所用的工具、量具应整齐放在工具车内,量具应与刀具隔离,重的工具及材料放在下层,轻的放在上层,用后应擦净放回原处。

5. 下班前,应清除机床及周围场地上的切屑,擦净机床后,在指定的部位涂上润滑油。

附件三 金工实训中心"6S 管理制度"

一、"6S"管理的内容

"6S"管理由日本企业的 5S 扩展而来,是行之有效的现场管理理念和方法,其作用是:提高效率、保证质量,使工作环境整洁、有序,预防为主,保证安全。

1. 整理(SEIRI)——将工作场所的任何物品区分为有必要和没有必要的,除了有必要的留下来,其他的都清理掉。

目的:腾出空间,防止空间误用,塑造清爽的工作场所。

2. 整顿(SEITON)——把留下来的必要用的物品依规定位置摆放,并放置整齐加以标识。

目的:工作场所一目了然,消除寻找物品的时间,整整齐齐的工作环境,消除过多的积压物品。

3. 清扫(SEISO)——将工作场所清扫干净,保持工作场所干净、亮丽的环境。

目的:稳定品质,减少工业伤害。

4. 清洁(SEIKETSU)——将整理、整顿、清扫进行到底,并且制度化,经常保持环境处在美观的状态。

目的:创造明朗现场,维持上面 3S 成果。

5. 素养(SHITSUKE)——每位成员养成良好的习惯,并遵守规则做事,培养积极主动的精神(也称习惯性)。

目的:培养有好习惯、遵守规则的员工,营造团队精神。

6. 安全(SECURITY)——重视成员安全教育,每时每刻都有安全第一观念,防范于未然。

目的：建立起安全生产的环境,所有的工作应建立在安全的前提下。

二、"6S"管理的实施

1. 各实训室责任人是"6S"管理的实施者,应把实训中心工作环境整理好,给参加实训的学生营造一个好的学习环境。

2. 工作区域内只能摆有该设备所用的工具、量具刃具及材料,无关的东西要清除。

3. 通道内不得堆放任何东西,保持通道顺畅。

4. 各室从仓库领出的机床附件、工具、量具、刀具要分别整齐地放入铁柜中,各柜要有清楚的存放标识。

5. 实习过程中,机床床头箱面、导轨不得放置工具、量具、刃具、材料等物品;工具、量具、刀具应放在设备旁的工具车首层,学生的书籍、书包放在工具车的第二层,材料放在工具车的第三层。

6. 保持设备、设施的清洁、良好、安全和正常运行,实行"谁使用谁负责保养";实训室责任人监督不力的,由责任人负责返工保养。

7. 材料仓的材料要分类堆放,每层、每组要有标识。

8. 工具仓的物品上架要整齐,各类工具、量具、刀具、备件要分开存放,并要有清楚的标识。

9. 各实训室的地面、柜面要清扫干净,窗户、墙壁、桌椅要清洁明亮。

附件四　急救措施

1. 各实训区应常备小药箱,备有消炎、止血、跌打等药品。

2. 出现一般损伤时,应及时止血,报告当班指导教师后,到医务室或附近医院处理。

3. 出现高空跌落或重大伤亡事故时,应立刻报告校医、实训中心主任、院领导,严重时还应拨打 120 急救电话,受伤晕厥时应将伤者抬至通风处仰卧,必要时给予人工呼吸。

4. 处理事故时应做到:出现设备损坏重大事故时应立刻停止设备运转,出现触电事故时应立刻切断电源,出现火情时应立刻灭火。

5. 在火灾火势大时应拨打 119 救助。

6. 出现爆炸伤害时,需待爆炸稳定后方可救人,爆炸严重时应拨打 110 或 119。

7. 急救的同时还应注意现场保护,以便调查处理。

参 考 文 献

[1] 沈晓蕾 . 金工实训与考证[M] . 北京:中国电力出版社,2011.

[2] 张涛 . 金工实训教程[M] . 北京:人民交通出版社,2011.

[3] 孟宇泽 . 电焊工[M] . 北京:中国劳动社会保障出版社,2012.

[4] 宋金虎 . 金工实训[M] . 北京:人民邮电出版社,2011.

[5] 段维峰 . 金工实训教程[M] . 北京:人民交通出版社,2012.

[6] 韦相贵 . 金工实习指导书[M] . 北京:中国铁道出版社,2014.